AF259381

Ma Première Croisière

MA

PREMIÈRE CROISIÈRE

DUC DE MONTPENSIER

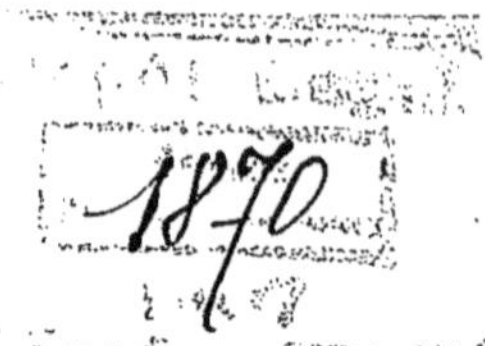

MA

PREMIÈRE CROISIÈRE

PARIS

TYPOGRAPHIE PLON-NOURRIT ET Cie

8, RUE GARANCIÈRE

1907

Tous droits réservés

Ma Première Croisière

CHAPITRE PREMIER

Départ d'Espagne. — Débuts pénibles. — Les îles Canaries. — *Fuera v no paga*. — Le rayon vert. — Passage de la Ligne.

Après mon départ de Randan, le cœur bien gros à l'idée de laisser loin de moi tous les êtres qui me sont chers, et vous surtout, chère maman, je restai au Ferrol(1), comme vous le savez, pendant quelques jours.

Les premiers temps à bord furent bien durs, car le

(1) Magnifique port de guerre, situé au fond d'une baie profonde, à l'embouchure de la Jubia. L'arsenal, fondé par Charles III, couvre près de 10 hectares. On y trouve d'immenses ateliers, douze cales de constructions, une cale flottante, des fonderies, etc.

I

logement des guardias marinas laisse fort à désirer.
Une cabine de 20 mètres de longueur sur 6 de largeur et 2 de hauteur; quatre tables et huit bancs
composent le mobilier; les hamacs, suspendus au
plafond la nuit, sont, pendant le jour, roulés et dis-
simulés derrière les bancs; et voilà notre salle à
manger, dortoir, salle d'études et salon de réception.
Nous étions vingt-huit parqués là dedans. Contigus
à cette belle salle se trouvent, à tribord, l'office qui
dégage un parfum *sui generis,* et, à bâbord, notre
lavabo, qui embaume encore davantage, si cela est
possible.

Enfin, le 16 octobre, arriva le jour tant désiré, c'est-
à-dire le départ. Je vous avoue qu'au moment où le
remorqueur vint se placer à l'avant du *Nautilus,*
j'éprouvai une grande émotion. Toute ma pensée et
mon cœur se portèrent vers vous, et, en même temps,
je priai celui qui est Là-Haut de protéger votre petit
marin.

Tout alla bien jusqu'en face de la Coruña (1). Mais
là, par suite d'une effroyable mer de fond, la remorque
cassa et nous restâmes à la merci du peu de brise
qui régnait et qui nous rejetait vers la terre.

(1) Port de guerre et de commerce vaste et sûr. Siège de la capitainerie
générale de Galice. La Corogne est située à la pointe sud de la baie du
Ferrol.

Que se passa-t-il ensuite? Je l'ignore, car je sentis mon estomac crier grâce. Je me couchai, pour ne plus me relever que trois jours après, c'est-à-dire le 20 octobre au matin, où je pus enfin monter sur le pont.

Nous étions déjà loin de la côte, et il faisait un temps superbe. Notre bateau était ravissant, avec toutes ses immenses voiles qui paraissaient, au soleil, d'une éclatante blancheur. On eût dit un énorme oiseau de mer se balançant à la surface des flots bleus.

Nous ne mîmes que huit jours pour atteindre *al Puerto de la Luz*, Gran-Canaria (1). Dieu! quelle joie, quand la vigie cria : « Terre à tribord ».

C'était le magnifique *pic de Teyde* de l'île de Ténériffe (2), d'une hauteur de 3,700 mètres et que l'on aperçoit à 60 milles environ.

(1) Les îles Canaries sont un groupe d'îles de l'océan Atlantique, situé à 101 kilomètres de la côte occidentale d'Afrique, et à 1,157 de Cadix.

La superficie totale comprend 7,167 kilomètres carrés.

L'Archipel comprend sept îles habitées, qui sont, par ordre de grandeur : Ténériffe, Fuerteventura, Gran-Canaria, Lanzarote, Palma-Gomera, et l'île de Hierro. On voit en outre quelques îlots déserts.

(2) La plus grande des îles Canaries, la plus belle aussi et la plus riche. Centre de production du vin de Malvoisie.

Le pic de Teyde, plus connu sous le nom de pic de Ténériffe, est un ancien cratère volcanique presque tout le temps couvert de fumées. Il est célèbre par l'étagement merveilleusement régulier de ses cinq zones de végétation.

A onze heures, nous mouillons en rade, à côté du *Frasquita*, le yacht de l'empereur du Sahara.

Le port artificiel est à cinq kilomètres à peu près de la ville, petite et sale, et qui n'a absolument rien de curieux. Je descendis à terre et fis une tournée dans les rues sans rien voir de remarquable. Dès le lendemain matin, le navire fut envahi par des marchands de soieries, de tabac, de bananes, etc.

Nous visitâmes le fameux fort de San-Fernando, qui (soi-disant) défend l'entrée du port. Je dis soi-disant, car les quatre canons, déjà anciens, dont il est armé, ne peuvent tirer que dans la direction opposée à la ville. C'est de là que j'ai pris la photographie qui suit et qui, je crois, est la seule qui ait été faite du fort, car l'accès en est rigoureusement interdit. Le chemin qui y conduit est taillé dans la lave : on voit encore les ruines d'un village guanche, dont les habitants, descendants des premiers possesseurs de l'île, se laissent mourir de faim, plutôt que de se rendre.

Le 28 octobre au matin, nous sortons du port pour faire voile vers Santa-Cruz de Ténériffe. Au dehors m'attendait une nouvelle séance de mal de mer, car le *Nautilus*, obligé de naviguer au plus près, tanguait d'une façon désordonnée. Nous arrivâmes le 29 octobre, à une heure de l'après-midi, ayant mis vingt-

sept heures pour par-
courir les 50 milles
qui séparent les deux
ports. Il est vrai que
nous avions un vent
frais, mais tout à fait
debout, qui nous obli-
gea à tirer des bor-
dées continuelles.

Santa-Cruz n'a pas
de port, si ce n'est
une petite baie au
pied de la montagne
et ouverte aux vents
du sud généralement
très violents. On
doit, dit-on, y cons-
truire une jetée.

Je ne descendis
que quelques heures
pour visiter la ville,
plus jolie et plus
propre que Las Pal-
mas. Aussi a-t-elle
un aspect plus an-
glais qu'espagnol.

LE *Nautilus*, TOUTES VOILES DEHORS

Les environs sont très pittoresques avec leurs immenses forêts de bananiers.

Ici encore, je n'ai reçu aucune lettre de vous ou de mes sœurs, et j'en suis désolé. Heureusement, au moment du départ, on m'apporte votre dépêche.

Le 31 au matin, nous partons pour Porto Grande de San-Vicente. On nous annonçait les vents fixes du nord-est et, par conséquent, une traversée des plus faciles. Je ne sais si les susdits vents s'étaient mis en grève, mais nous eûmes tous les vents possibles, sauf ceux-là. Enfin, le 10 novembre, à onze heures du soir, nous jetions l'ancre.

Vous ne pouvez vous figurer l'aspect triste et désolé de ces îles. Des rochers noirs et dénudés, sans autre végétation que quelques malheureux cocotiers et orangers. Dans l'île San-Vicente, une des montagnes, vue du large, affecte la forme d'une bouteille couchée, et vue du village, celle de la tête de Washington.

Notre bateau était entouré de barques montées par des nègres. Ces derniers, pour quelques sous, plongent et passent sous le navire, sans se soucier des requins qui infestent la rade. L'après-midi je descendis à terre faire l'acquisition de cartes postales chez le consul... qui en fait le commerce.

Le service entre les îles se fait au moyen de chaloupes à voiles munies de chaque côté de grandes planches qui servent de balancier. Quand le vent est trop violent, et que la barque menace de chavirer, le patron crie : *Fuera y no paga* (dehors celui qui ne paie pas), et un homme de bonne volonté se glisse à plat ventre sur le bout de la planche et fait ainsi redresser l'embarcation. En récompense, on lui accorde le passage gratuit.

Ces îles ont une certaine importance par suite de leur considérable dépôt de charbon. Tous les vapeurs qui vont ou viennent du sud de l'Afrique y touchent. A part cela, la ville est très petite et sans aucune ressource.

Nous débarquons notre camarade Garcia de La Torre, très souffrant depuis notre départ d'Europe et dont le médecin n'arrivait pas à diagnostiquer la maladie. Il attendra à l'hôpital le passage du prochain paquebot, qui le ramènera en Espagne. Je lui souhaite un prompt rétablissement, car c'est un de mes meilleurs amis.

Le 11 au matin, nous partons enfin pour la république orientale de l'Uruguay. Au début, le voyage paraît devoir être long. Pas un souffle de vent, le courant seul nous fait dériver lentement. D'après les prévisions, il faudra au moins trente jours pour atteindre Montevideo. C'est long, et les quarts de nuit sont bien monotones. Songez donc! rester debout sur la passerelle de huit heures à minuit, ou se lever à minuit, y rester à contempler les étoiles et à échanger des propos quelconques avec l'officier jusqu'à quatre heures du matin, ou s'arracher aux douceurs du hamac, à cette heure trop matinale, avec l'heureuse perspective d'un lever du soleil. Malgré tout, le temps passe et l'on finit par s'intéresser au spectacle qui se déroule devant nos yeux, car il n'y a pas de levers ou de couchers de soleil pareils pendant tout le voyage.

Combien j'aurais voulu que Louise fût ici, pour peindre ces admirables tableaux, quoiqu'il me semble impossible de reproduire les merveilleuses et changeantes colorations du ciel, surtout au coucher de l'astre radieux. Je ne sais si vous avez entendu parler du fameux rayon vert, la dernière manifestation lumineuse du soleil s'abîmant dans la mer par un temps parfaitement clair et limpide. Je n'y crois qu'à moitié, *veremos!*

Dieu merci! voilà le fameux vent du nord-est qui daigne souffler. Nous lui ouvrons toutes nos voiles et notre allure devient rapide.

Cet après-midi, le temps était radieux, et peut-être aurons-nous la chance de voir le rayon vert. Aussi je lâche la plume pour aller prendre mon poste d'observation dans la hune. Je regarde le globe enflammé qui s'enfonce lentement là-bas dans l'Océan. Il va disparaître. Soudain, pendant l'espace d'une seconde, un dernier rayon d'une adorable couleur vert d'émeraude parvient jusqu'à nous. Puis tout meurt, et la nuit tombe.

Hélas! cela ne nous a pas porté la veine! Depuis ce matin, le vent a tourné, et fraîchi d'une manière inquiétante. Je voudrais que vous pussiez voir la *camareta*, c'est-à-dire notre carré. Il est l'heure du dîner, nous sommes assis à califourchon sur les tables, tenant l'assiette d'une main et la fourchette de l'autre : les bancs volent d'un bout de la chambre à l'autre, au risque de tout briser, le pianola vient de se détacher et l'on court après; un ordonnance qui apportait un plat de cocida a été culbuté au haut de l'escalier, et s'est effondré en lançant le contenu de son plat sur un malheureux guardia marina, qui sortait pour aller prendre son quart. Un fracas d'assiettes brisées, des cris et des exclamations de colère. *Oye cuidado al banco! agua va! ahi viene uno! ordenanza, recoje ese plato, limpia aqui ten cuidao que me has tirado la fuente de huevos por encima vete à la m...!*

La nuit, c'est une autre histoire. On ne peut marcher, car les hamacs se balancent et vous renversent : et quand on est couché, sous la violence des secousses, le hamac se décroche quelquefois et nous dépose sournoisement sur la tête. Mais on est philosophe, et l'on finit par en rire.

Voici que nous approchons de l'Équateur et en grand mystère on prépare les fêtes de Neptune. Gare aux mystifications et aux plaisanteries légendaires!

Aujourd'hui, calme plat, on signale un requin. Cette distraction est la bienvenue. On fait aussitôt les préparatifs d'usage, c'est-à-dire un morceau de lard accroché à un gros hameçon fixé lui-même à une chaîne solide. On jette le tout à l'eau, et l'on attend avec impatience. Ce n'est pas long. Le voici qui s'approche, flaire l'appât, se retourne pour l'avaler, en montrant son ventre blanc. Une violente secousse, il est pris. Aussitôt, on fixe un palan à la chaîne et « oh! hisse! » on le laisse retomber lourdement sur le pont. Il est vraiment énorme. Au moyen d'un coutelas bien aiguisé, emmanché au bout d'une perche, un des matelots lui ouvre le ventre. La hideuse bête se débat et se tord en efforts désespérés. La voilà enfin immobile. Peu à peu un cercle s'est formé autour d'elle. Soudain, dans un dernier spasme d'agonie, le squale balaie le pont d'un formidable coup de queue. Instantanément chacun se précipite sur les bastingages ou grimpe aux agrès. Je n'aurais jamais cru à pareille agilité.

L'estomac d'un requin est un véritable bazar. Le

nôtre ne fait pas exception à la règle. On en retire successivement un pantalon de femme, une blouse, un couteau, des conserves, etc...

Le lendemain, on nous le servit frit : ce n'est pas

AU PASSAGE DE LA LIGNE : COURSES D'OBSTACLES

trop mauvais, mais c'est coriace et d'un goût tout particulier.

Nous attendons avec une impatience bien compréhensible l'arrivée de Neptune, qui doit avoir lieu ce soir. Enfin, après la prière du soir, un feu de bengale s'allume dans la *Cofa Mayor* et nous laisse apercevoir Neptune et son épouse. Le roi de la mer se

lève et interpelle le midshipman de quart sur la passerelle. Le dialogue suivant s'engage.

NEPTUNE

Ah del buque! Ah del buque!
Ohé! du bateau! Ohé! du bateau!
Detengase el taimado,
Que ce malotru s'arrête
como en años pasados
et comme les années passées
diga cual es su nombre bien clarito,
dise comment il se nomme, qu'il le dise bien clair,
digalo, lo repito.
qu'il le dise, je le répète.

ASPIRANT

La Corbeta *Nautilus,*
La corvette Nautilus,
que en viage hacia las costas Uruguayas
qui pour un voyage vers les côtes de l'Uruguay
dejo en hispanas playas,
laissa sur les plages espagnoles,
no hace aun ni dos meses,
il n'y a pas deux mois,
su patria, familia e intereses.
sa patrie, famille et intérêts.

NEPTUNE

Pero à quien le ha pedido
Mais à qui donc a demandé
ese barco atrevido
cet imprudent bateau
licencia para andar por mis estados?
la permission de passer dans mes États?
No estan sus tripulantes avisados
Est-ce que l'équipage n'est pas prévenu
que aqui no hay mas que uno?
qu'ici il n'y a qu'un maître?
Que soy yo, el dios Neptuno!
Moi, le dieu Neptune!

ASPIRANT

Y Gobernais vos? No es nada lo del ojo!
C'est vous qui commandez? Sapristi!
Mas dejadnos seguir hacia adelante
Mais laissez-nous continuer en avant
o os vereis amarrado al cabestrante.
ou vous vous verrez attaché au cabestan.

NEPTUNE

Aqui no mandais vos, mortal impio!
Tu ne commandes pas ici, mortel impie!

Pues este reino mio
puisque c'est mon royaume
tan, tan imenso y tan grande como el mundo
si, si grand, aussi grand que le monde entier
que se estiende imponente
qui s'étend imposant
desde el helado polo hasta el ardiente!
depuis le pôle froid jusqu'au brûlant!
es gobernado ahora
est gouverné maintenant
por mi y mi simpatica señora!
par moi et ma sympathique épouse!

ASPIRANT

Como? Es vuestra señora aquella harpia
Comment? C'est votre femme cette sorcière
que acaba de dejar la enfermeria,
qui sort de l'infirmerie,
con una melena alquitranada
avec une crinière goudronnée
que de jarcia trosa
faite avec un cordage tressé
se construjo para servir de mofa
pour servir de tête de turc
luciendo entre bengalas en la cofa?
entre les feux de bengale de la hune?

NEPTUNE

Oh! mortal imprudente!
Oh! imprudent mortel!
os voy a traspasar con mi tridente!
je vais te transpercer avec mon trident!
Insultais à mi esposa,
Tu insultes mon épouse,
la dama mas hermosa!
la plus belle des dames!

ASPIRANT

Perdon, señor, me habia equivocado.
Pardon, seigneur, je me suis trompé.

NEPTUNE

Pues quedais desde luego perdonado,
C'est bien, je te pardonne,
mas atencion y oido à lo que ordeno.
mais fais attention et écoute ce que j'ordonne.
Yo, Neptuno, monarca omnipotente
Moi, Neptune, monarque tout-puissant
de los mares del orbe, elocuente,
des mers du globe, éloquent,
decreto desde el trono :
je décrète du haut de mon trône :

Que si quereis seguir vuestro crucero
Que si tu veux continuer ta croisière
debeis pagar, desde el primero
il faut payer depuis le premier
hasta el ultimo mono
jusqu'au dernier singe
el impuesto debido;
l'impôt dû;
y si alguno de los tripulantes
et si quelqu'un de l'équipage
ha quedado dormido,
est couché,
aunque la hora es temprana,
quoiqu'il soit encore de bonne heure,
despues del medio dia de mañana,
après midi, demain,
cuando hayais observado la meridiana
quand vous aurez observé la méridienne
y dado situacion en un instante
et donné le point en un instant
al señor comandante,
à M. le commandant,
descendere à cubierta
je descendrai sur le port
y estad todos alerta,
et soyez tous alertes,

pues si no andais presto
et si vous n'êtes pas vite
a pagar el impuesto,
à payer l'impôt,
Neptuno y su señora la Neptuna
Neptune et son épouse la Neptune
haran sentir su justa indignacion.
feront sentir leur indignation.
Prevenidos quedais y hasta manana.
Vous êtes prévenus, à demain.
Nos vamos ya porque nos da la gana!
Nous partons parce que cela nous plaît!

Rires, cris, bruits divers, et tout le monde va se coucher, en attendant la descente de Neptune pour demain. Le roi et la reine étaient coiffés de perruques de chanvre couronnées de fer-blanc. Leurs vêtements étaient taillés dans de vieux rideaux : le tout produisait un effet surprenant.

23 novembre. — A une heure, on entend un grand bruit à l'avant du navire, ce sont *El Neptuno y Neptuna* qui descendent du mât de misaine dans un baquet, inutile de vous dire avec quels chocs! A peine arrivés, ils s'installent dans leur char (la pompe à incendie) traîné par six matelots habillés avec des sacs. L'escorte se composait de matelots déguisés en capitaine, en guardia marina et en quartier-maître.

Le cortège s'avance majestueusement, tandis que le clairon sonne la marche royale. Arrivées devant l'échelle de quart, Leurs Majestés descendent du char, le pavillon du monarque des flots est hissé au grand mât. Le silence s'établit et Neptune nous adresse la parole dans les termes suivants :

« Estaba yo en un sillon
« *J'étais dans mon fauteuil*
en el monte Valdenama,
sur le mont Valdenama,
objeto de mi emocion
l'objet de mon émotion
el telegrama puesto
le télégramme mis
que me ha puesto medio loco
qui m'a rendu à moitié fou
aunque parezca muy poco
quoique cela paraisse très peu
en el dia todo esto !
dans le jour entier !
Señor Neptuno, animal,
Seigneur Neptune, animal,

ha sido Vd tan morral

vous avez été assez idiot

que no ha querido esperar

pour ne pas attendre

el barco que iba à pasar.

le navire qui allait passer.

Que es la corbeta pirata

C'est la corvette pirate

que alla en años anteriores

qui dans le passé

con marineros peores

avec des pires marins

se atrevio a darle la lata!

a osé vous embêter!

Y el gran capitan Chumeca

Le grand capitaine Chumeca

y mi graciosa mujer

et ma gracieuse épouse

pronto lograron hacer

bien vite firent

los lios y las maletas,

les paquets et les valises,

y tomando un coche

et prenant une voiture

que recoji en las afueras,

que je trouvai à côté,

emprendi veloz carrera
je fis une course effrénée
pero ya llegué de noche. »
mais arrivai la nuit. »

Après avoir débité une quantité de sornettes, Neptune avise un malheureux matelot qui était plutôt
sale. Sur un signe, on empoigne le délinquant et on
l'assoit sur un grand baquet. Le perruquier s'approche de lui, armé d'immenses ciseaux, et feint de
lui couper quelques mèches; puis il lui barbouille la
figure de peinture blanche, au lieu de savon, saisit
un énorme rasoir et s'avance en le brandissant. Au
même instant la planche, qui sert de couvercle au
baquet, est brusquement retirée, et le patient s'ef-
fondre dans une eau sale, tandis que d'en haut une
pompe l'asperge copieusement.

Nos officiers ont profité du passage de la ligne pour
se payer la tête de notre aumônier, qui est vraiment
trop naïf. Avant d'arriver à l'Équateur, ils sont montés
sur le pont et ont commencé à observer l'horizon avec
leurs lorgnettes en disant entre eux : « Oui, on la voit
très bien, tenez, là-bas, etc... » Aussitôt l'aumônier
s'approche et interroge : « Que regardez-vous avec tant
d'intérêt? — La ligne, parbleu! ne la voyez-vous pas ?»
Et l'aumônier de s'écarquiller les yeux, de prendre

à son tour une lorgnette, la seule libre. On avait eu soin de tendre un fil devant les objectifs. Le pauvre homme les porte à ses yeux et naturellement, voit... la ligne. Dans son enthousiasme, il s'écrie à son tour : « Yo la veo! yo la veo! » Naturellement aussi, tout le monde éclate de rire. Mais il insiste, affirmant : « Mais oui, je la vois : du reste, Pardo (c'est un des officiers) l'a vue aussi et j'ai confiance en lui. »

Après cette petite diversion, le voyage continua aussi monotone qu'avant.

PUERTA DE LA LUZ

CHAPITRE II

A la cape. — Le pampéro. — Le Rio de la Plata et Montevideo. — Promenade interrompue. — Buenos-Ayres. — Les remorqueurs en grève. — Un photographe à la mer.

Nous laissons la région des vents fixes du sud-est. Presque aussitôt, changement à vue. Aux jours délicieux, aux splendides nuits si propices aux rêves, succèdent un ciel gris orageux, un horizon toujours brumeux. Toutes les nuits, nous recevons averses sur averses et les grains du sud-sud-est se renouvellent vraiment trop fréquemment. Le vent souffle avec violence jusqu'au jour. La mer devient houleuse et nous fait danser affreusement. Les lames franchissent le bastingage et balaient le pont, emportant sur leur passage tout ce qu'elles rencontrent.

Le pont était encombré de cordages, et matelots et quartiers-maîtres couraient dans tous les sens pour la manœuvre. En un rien de temps la mer était devenue furieuse et pénétrait dans le bateau par les écoutilles.

Ce soir-là, nous ne mangeâmes que du jambon cru et du pain.

Voiles après voiles furent rentrées et nous ne conservions juste que la toile nécessaire pour nous maintenir à la lame et empêcher les coups de roulis et de tangage d'être trop violents. En un mot nous étions *à la cape*. Il ne faut pas s'imaginer qu'être à la cape signifie être à l'aise. Non, mille fois non !

Ce jour-là et les suivants, il fut impossible de manger chaud et autrement que debout, de dormir, je ne dirai pas debout aussi, ce serait exagéré, mais à peine.

Les quarts surtout manquaient de charme. Les caoutchoucs sont plus qu'inutiles, vu la quantité d'eau de pluie ou de mer qui nous inondait à volonté.

Voici quatre jours que ce temps dure. Plusieurs oiseaux américains se sont réfugiés à bord et feront, j'espère, partie de mon musée. En tout cas, c'est mauvais signe, car, généralement, c'est ainsi que s'annoncent les trop célèbres *pampéros* (1), dont le nom seul

(1) Vent violent venu des Cordillères, qui souffle de l'ouest-sud-ouest au sud-ouest sur les côtes du Paraguay et de l'Uruguay. Il est particulièrement fréquent d'avril en novembre.

fait frémir. Aussi le commandant fait-il tout préparer à bord pour résister à la force inouïe du vent, dans le cas où le pampéro nous rendrait visite.

Le roulis est devenu tellement violent que je ne

PENDANT LE PAMPÉRO

puis plus écrire. Voici ce qui s'est passé pendant ces jours inoubliables.

Le 5 décembre au matin, j'étais de quart. En regardant attentivement l'horizon, j'aperçois un nuage qui affectait la forme d'un arc. Je me précipite aussitôt vers mon officier avec l'intention de le prévenir. Mais je n'en eus pas le temps : il me coupa la parole et me dit : « Oui, c'est vrai, c'est le pampéro, le voilà qui arrive sur nous. »

A peine avait-il achevé, que l'ouragan fond sur nous avec une vitesse inouïe, se déchaîne avec une violence insensée, emportant du même coup les deux seules voiles triangulaires que nous portions encore et cassant en deux le beaupré. En un clin d'œil, la barre fut mise à tribord et nous fuyons vent arrière pour échapper à cette furieuse attaque.

L'arrivée du pampéro fut triomphale. Ce fut un branle-bas général. Nous avons dansé d'une façon extravagante. Nos hamacs s'accrochaient les uns aux autres pour se décrocher ensuite et nous projeter violemment dans tous les sens. Les bancs, les assiettes, nos habits, nos petites armoires et leur contenu nous accompagnaient dans cette sarabande effrénée. Mon pauvre pianola ne résista pas à ces secousses ni à l'eau dont il fut copieusement arrosé. Dans le carré des officiers, mêmes scènes. Plusieurs paquets de mer y avaient pénétré et avaient inondé leur salle à manger. C'en était vraiment comique, de voir cet espèce de flux et de reflux de plus de 20 centimètres pénétrer dans les cabines et en ressortir, emportant pêle-mêle des livres, des vêtements, des chaussures, des chaises, et que sais-je encore.

Minuit moins le quart : on vient m'appeler pour prendre le quart. Je monte sur le pont. Il fait noir comme dans un four. Le vent souffle avec rage dans les voiles, fait gémir les mâts et siffler les cordages. Des vagues gigantesques se précipitent à l'assaut du navire et s'acharnent à l'engloutir. Mais le vieux *Nautilus* se relève fièrement et combat courageusement l'océan démonté. De temps en temps, d'énormes masses d'eau déferlent sur le pont. Tout est solidement amarré : de l'avant à l'arrière, on a tendu en zig zag un câble pour pouvoir s'y accrocher. Il faut faire attention de s'y cramponner de toutes ses forces, pour n'être pas enlevé par un coup de roulis.

Un coup de mer déplace la grande chaloupe. Aussitôt mon officier m'envoie pour tâcher de réparer cet accident. Avec le quartier-maître et quelques matelots, ayant de l'eau jusqu'aux genoux, nous parvenons enfin à la remettre en place.

Puis une voile se déchire : vite il faut que je grimpe à la hune pour la faire remplacer, car mon officier tient à ce que je sois partout et que je veille à tout. J'en suis ravi, car cela est fort intéressant.

Il y a déjà huit grands jours que la tempête continue. Au début, chaque chute, chaque coup de roulis qui chambardait tout, étaient accueillis par des rires.

Mais à la longue, les estomacs se plaignent du manque de nourriture, les membres sont courbaturés par la fatigue et l'absence de sommeil. Aussi l'entrain et la gaieté ont disparu.

Dieu merci ! le baromètre remonte et le vent tourne au sud-est. La mer se calme et le beau temps reparaît.

Le 11 décembre, nous apercevons le bateau du pilote et à neuf heures du matin, il accoste notre bord dans une toute petite embarcation. C'est miracle qu'elle n'ait pas chaviré pendant ce gros temps.

Les pilotes de Montevideo sont au nombre de dix à douze. A tour de rôle, ils prennent la mer et font une croisière d'un à deux mois pour attendre les navires à destination de leur port, et ne rentrent que lorsque le dernier a été embarqué. C'est une vie extrêmement pénible, car ils peuvent à peine dormir, à cause du mauvais temps qui règne presque continuellement dans ces parages, et doivent se contenter de conserves et de viande salée comme nourriture. Celui que nous embarquons restera avec nous pendant tout notre séjour en Amérique.

Nous sommes encore à 200 milles de Montevideo et, si le vent continue, nous pourrons y arriver demain soir.

Le 12 au matin, la vigie signale l'*Isla de Lobos* qui

annonce l'entrée du Rio de la Plata (1). A deux heures, nous pénétrons dans l'immense fleuve aux flots jaunes et boueux. Nous sommes entourés de loups marins, sorte de phoques. J'en tue plusieurs, mais sans pouvoir les ramasser. Le commerce des peaux de ces animaux est très important et s'élève à plusieurs millions de dollars par an. Le fleuve est tellement large que nous ne pouvons en apercevoir les deux rives à la fois, mais sa profondeur est relativement très peu considérable.

A huit heures, lorsque je me couchai, la brise était presque entièrement tombée, et il était à prévoir que nous n'arriverions pas avant le matin. Soudain, à onze heures du soir, je suis réveillé en sursaut. Le clairon sonne : *babor y estribor de guardia*, ou *tout le monde sur le pont*. Je m'habille en hâte et grimpe à mon poste. Il fait un vent glacial qui nous gèle littéralement. Enfin, à minuit, nous mouillons en rade de Montevideo.

Le lendemain matin, 13, à six heures, un remorqueur vient nous prendre pour nous rapprocher davantage et apporte le courrier. Dieu ! quelle joie, en

---

(1) Immense estuaire de l'Uruguay et de l'énorme Parana, grossi du Paraguay ; sa largeur n'est pas moindre de 230 kilomètres à l'entrée.

Ses deux ports, Montevideo et Buenos-Ayres, desservent surtout, le premier, le commerce maritime et, le second, le commerce fluvial de toute cette partie de l'Amérique du Sud.

voyant votre écriture et celle des sœurs, et comme je
suis heureux en lisant ces chères lettres que j'atten-
dais avec une impatience bien compréhensible. En

effet, depuis mon départ de Ferrol, je n'avais pas eu
de nouvelles de vous et j'en étais bien triste.

Du pont, on aperçoit la ville, qui est énorme. La
rade aussi est très belle, mais pas très bien défendue
contre la mer et le vent. Dans la journée précédente,
une corvette française était entrée ayant perdu le mât

de misaine, son capitaine et trois hommes enlevés dans le même pampéro que nous avions subi. Cela ne m'étonne pas beaucoup, car nous avons des roulis de 30 degrés de chaque bord et même deux de 32, pendant lesquels les canots, qui sont suspendus assez haut et en dehors, plongèrent dans l'eau et furent presque engloutis. Tout le côté du navire se coucha dans la lame et resta dans cette position une demi-minute. Les hommes, qui étaient en train de larguer les écoutes de la grand'voile, se sauvèrent, croyant que le vaisseau chavirait. Je n'en menais pas large, car j'étais de quart; je courus néanmoins après eux, pour les faire travailler aux brasses et aux écoutes. Jamais je n'avais vu tant d'eau entrer à la fois.

Dans l'après-midi, nous descendons à terre. L'embarcadère laisse pas mal à désirer. Dieu, quelle chaleur! C'est pire qu'à Séville. La ville (1) est bâtie sur une colline qui forme promontoire, de sorte que toutes les rues débouchent sur la mer : il y a donc toujours un peu de brise, quand ce n'est pas un vent épouvantable. Montevideo a beaucoup de ressemblance

(1) Montevideo est la capitale de la république de l'Uruguay, sur une péninsule élevée qui domine au nord l'entrée du Rio de la Plata. Elle est le siège d'un important mouvement commercial de pelleteries, laines, viandes de conserves, céréales, etc. Sa population s'élève à 200,000 habitants.

avec Turin, car toutes les rues se coupent à angle droit, mais ici les tramways sont à traction animale et s'appellent *Trenes*. Il n'y a que trois rues qui soient vraiment belles ; ce sont *25 de Mayo, Sarandi* et *la 17 de Julio, las plazas de la Independencia* et *Constitucion*. Plusieurs hôtels sont bien, entre autres le Grand Hôtel, où j'allai dîner avec deux de mes camarades.

A côté de la ville s'étend *la plaza Ramirez* et *los Pocitos*, promenade favorite des jeunes filles, l'après-midi ou le soir.

Tout est hors de prix. Ainsi une voiture à la course coûte 4 fr. 50, et le moindre objet un *peso*, c'est-à-dire 6 francs.

Certaines coutumes sont assez curieuses. Ainsi, au parterre du théâtre, il y a le côté des dames et le côté des messieurs : les femmes ne sortent jamais avec leurs maris : il n'est pas admis de faire usage de *Volante* (c'est le nom qu'on donne aux fiacres). Si l'on est pressé et qu'on en prend un, vos amis s'étonnent et vous demandent : « Que vous est-il donc arrivé ? je vous ai aperçu en volante. »

La chaleur est épouvantable, mais les nuits en paraissent d'autant plus fraîches.

Le 2 décembre, nous allons faire une promenade le long du fleuve sur un des bateaux qui font le service entre Montevideo et Buenos-Ayres. Le temps était splendide et notre navire rempli de jeunes filles fort jolies, comme elles le sont là-bas. Malheureusement, elles abusent des fards et se gâtent ainsi le teint. Nous partons aux accords harmonieux de la musique du bord.

Mais soudain, un pampéro s'abat sur nous, arrachant les tentes, les ombrelles et les chapeaux, au grand désespoir de ces demoiselles. Le bateau roule, tangue, incommodant les jolies passagères. Les poissons du Rio de la Plata ont dû se régaler. Enfin, après une heure de cette promenade d'agrément (?), nous rentrions au port.

21 décembre. — Ce matin à neuf heures, nous levons l'ancre pour Buenos-Ayres, qui n'est qu'à 100 milles. Le commandant s'est entêté à mouiller pendant trois jours dans le fleuve, ce qui manque absolument de charme.

Le fleuve est tellement peu profond que par moment la quille racle le fond et soulève la vase. A dix heures du soir, le commandant donne l'ordre de mouiller, sans tenir compte des protestations unanimes et d'un bon vent qui nous amènerait demain matin à Buenos-Ayres.

Le jour suivant, nous nous tournons les pouces.

Le 23, tir à la cible, au canon et à la carabine. Les canons sont très bons. Je n'ai pas trop mal tiré et je n'ai pas brûlé moins de 300 cartouches de Mauser.

Enfin! le 24, à quatre heures de l'après-midi, nous levons l'ancre pour nous mettre définitivement en route pour Buenos-Ayres.

De huit heures à minuit, je suis de quart. Une nuée de libellules envahit le vaisseau, volant éperdument et se croisant en tous sens à une allure vertigineuse. A chaque instant, il nous en arrive dans la figure et dans les yeux, ce qui est très douloureux.

A dix heures, nous commençons à diminuer la voilure : on devine les lumières de la ville, tandis qu'au loin les éclairs sillonnent l'horizon. A onze heures et demie, nous mouillons en rade, mais à 11 kilomètres des docks où nous devons aller. Demain le remorqueur viendra nous chercher.

Minuit! Dire que c'est *Noche Buena*. En ce moment, vous êtes en train de sortir de la Mira de Gallo. Comme je suis triste et comme je pense à vous! Je revois tout : Louise attendant chez elle, puis sortant donner le gros livre de messe à M. Dupuy. Vous arrivez avec votre mantille (pas toujours droite). Les lumières du patio sont presque toutes éteintes. Dans la cour Cristobal, et à la porte les *civiles*. L'entrée dans l'église qui est pleine : le Padre Bernal donnant l'eau bénite. Dieu que cela sent mauvais! Enfin, la messe est finie. Ah!

25 décembre, dix heures du matin. — J'ai été brusquement tiré de mes rêveries par un « Tout le monde sur le pont ». Il était minuit et demi, et le motif de cette alarme était encore un pampéro plus violent que les précédents. Les ancres chassaient et nous avons bien reculé de 600 mètres. Jusqu'à trois heures du matin je restai sur le pont. Quelle charmante nuit de Noël, n'est-ce pas!

Mais je reprends ma songerie. Dans la cour, *felices Pascuas*, embrassades générales dans le patio même, réveillon, cadeaux. A ce propos, je vous remercie tant de la boîte d'allumettes, que le commandant vient de me remettre de votre part. Puis chacun rentre chez soi regarder dans son soulier. Aujourd'hui je n'ai pas besoin de le faire, car je sais qu'il n'y a rien dedans. Comme c'est dur d'être si loin et de ne pouvoir vous embrasser : mais ma pensée est avec vous, ainsi que mon cœur.

Allons bon! il ne manquait plus que cela! On ne viendra pas nous chercher, car les chauffeurs des remorqueurs sont en grève.

Et nous n'avons plus de viande; rien à manger

que des pommes de terre, des haricots blancs et des garbanzos. C'est plutôt maigre !

26 décembre. — Encore un pampéro ! et il pleut à torrents. Voici au loin un remorqueur qui apparaît : aussitôt tout le monde monte sur le pont, malgré le temps horrible qu'il fait. Encore une illusion : c'est la chaloupe de la Santé qui se rend au paquebot français *les Andes* qui vient d'arriver. Nous sommes tous exaspérés et à nous regarder comme des chiens de faïence. Il y a dans l'air des effluves de dispute. Le commandant veut retourner à Montevideo, ce qui est impossible, puisque nous manquons de vivres.

C'est à devenir fou. La chaleur est suffocante, nous sommes envahis par les mouches. Un de nos officiers les tue à coups de carabine dans sa cabine. Il faudra bientôt l'attacher, car *il menace de devenir mauvais.*

Quelle vie, et toujours pas de remorqueur !

27 décembre, dix heures du matin. — Voici enfin un remorqueur de l'État qui vient nous chercher. Quelle joie d'être délivré de ce véritable supplice. Mais déjà la remorque est prise, et nous voilà partis ; il faut que je monte sur le pont prendre mon poste.

3 heures de l'après-midi. — Dieu merci, nous voici

amarrés aux docks. Je vais aller déjeuner, car il est grand temps. J'étais tranquillement en train de déguster un peu de bovril et de pommes de terre, lorsque j'entends des cris désespérés. Je me précipite! un homme qu'on repêche! C'était un photographe qui, voulant prendre notre navire, s'était approché de trop près et qui, pareil à l'astrologue de la fable, s'était jeté à l'eau.

Mais voici une nuée de curieux qui envahit notre pauvre *Nautilus*, vient nous dévisager comme des bêtes curieuses, en disant : « Ah! esta escupiendo, o esta comiendo. » Ils apportent des victuailles et s'installent tranquillement sur le pont ou ailleurs, et se mettent à dîner comme chez eux. Ils sont heureux, car ils sont sur ce qu'ils appellent *la Madre Patria!* J'en profite pour me mettre en civil et m'éclipser avec un de mes camarades.

Les docks sont tout près de la ville, aussi nous prenons une rue extérieure qui conduit à la *Casa Roja*, palais du président Roca et de ses ministres. C'est un très beau bâtiment, qui donne d'un côté sur la rade et de l'autre sur la *Plaza de Mayo*. La cathédrale donne également sur cette place et c'est là aussi que commence la *Avenida de Mayo*, véritable boulevard bordé de cafés, d'hôtels et de beaux magasins. Deux superbes monuments ornent cette avenue, l'un au commencement, *la Prensa* (ou principal journal), et à l'autre extrémité *le Congresso*, qu'on est en train de construire.

Buenos-Ayres (1) n'est une grande ville que depuis une dizaine d'années et l'Avenida de Mayo ne date que d'il y a cinq ans. Pour la tracer, il a fallu percer au milieu de la vieille ville : de là, la bizarrerie de quelques maisons très hautes, mais de 5 à 6 mètres seulement de profondeur.

L'avenue, plantée de beaux arbres et très bien éclairée la nuit, ne mesure pas moins de 1,500 mètres. Et c'est un continuel défilé de voitures et d'automobiles. Notre fiacre nous emmène à *Palermo,* le bois de Boulogne de l'endroit. Nous dînons dans un très bon restaurant.

En rentrant à bord, nous avons la douleur d'apprendre que notre pauvre camarade G. de La Torre, que nous avions été obligés de débarquer à l'île San-Vicente, était mort du typhus en arrivant à Lisbonne.

(1) La plus grande ville de l'Amérique du Sud et la capitale de la République Argentine. Fondée en 1535, par l'Espagnol Mendoza, qui l'avait appelée *Puerto de Santa-Maria de Buenos-Ayres,* dans une admirable situation sur la rive droite du Rio de la Plata, large à cet endroit de 46 kilomètres, elle fut érigée en évêché en 1620, et en capitale de la vice-royauté espagnole en 1776. C'est un port important, dont le mouvement commercial est très considérable. Malheureusement, à cause du manque de profondeur, les grands navires sont obligés de s'arrêter à Ensenada, à 45 kilomètres de la capitale, et de transiter par la voie ferrée.

La population de Buenos-Ayres est de 560,000 habitants.

On me remet une lettre de M. Salazar, le chargé d'affaires d'Espagne, qui remplace son ministre absent : il se met à ma disposition pendant mon séjour.

A côté de nous est amarrée la fameuse corvette à voiles et à vapeur *la Uruguay*, qui de concert avec un autre navire suédois devait aller au pôle Sud, à la recherche de l'expédition Nordenskjold. Le bateau argentin avait subrepticement brûlé la politesse à son confrère et n'avait pas eu de mal à rapatrier les explorateurs, dont le navire avait coulé ; il était revenu triomphalement, tandis que les autres cherchaient toujours. Pour soigner sa mise en scène, il avait abattu les parties supérieures des mâts, cassé deux vergues..., un véritable truquage ! En tout cas, ils nous ont assez rasés avec leur *Uruguay*.

28 décembre. — Ce matin M. Salazar est venu à bord : il fondait littéralement sous les rayons du soleil ardent. Il ne faut pas oublier que nous sommes ici en été. Il m'emmène déjeuner avec lui au *Jockey Club*. C'est vraiment l'homme le plus aimable que l'on puisse trouver.

Demain, le commandant, une députation d'officiers et d'aspirants, Salazar et moi devons aller saluer le président de la République, Julio Roca. C'est, paraît-il, un homme très intelligent et très averti. On a, à plusieurs reprises, essayé de le renverser, mais sans succès. Au moment de la question du Chili, le peuple entier voulait la guerre : lui, au contraire, estimait que la victoire même ne compenserait pas les désastres d'une guerre.

Aussi refusa-t-il. On le menaça de mort : il se promena tout seul dans les rues, défiant les agresseurs.

29 décembre. — Visite officielle au président Roca et à ses ministres. Il a été charmant et nous a reçus le plus cordialement et le plus aimablement du monde. Il m'a promis de m'aider à faire de grandes chasses et même de mettre, si cela était nécessaire, un régiment à ma disposition pour traquer les grands fauves.

Cet après-midi, le ministre de Portugal, Constancio Roque da Costa, est venu me voir à bord et se mettre, lui aussi, à ma disposition. Il connaît particulièrement Amélie et Carlos. C'est un homme du meilleur monde.

Ce soir, dîner au Jockey Club : comme convives, lui, Salazar, M. Médici, neveu de celui de La Mandria, un autre Italien et un Argentin dont je ne me rappelle pas les noms. Pour terminer la soirée, un tour au théâtre.

Ici on ne peut rester tranquille un seul instant.
Nous sommes envahis de visiteurs. Parmi eux, plusieurs gens de Séville, dont deux avaient été au service de Bon Papa. Je leur donne une gratification.
Le pire, c'est la manie des cartes postales et toutes
les jeunes filles m'en envoyent pour les signer et y
écrire une pensée!

1er janvier 1904. — Jamais je n'ai senti une chaleur
pareille : le vent est suffocant! On m'a prêté un auto,
aussi je m'en donne à cœur joie. Ce soir tous les
officiers et les guardias marinas vont à un grand banquet donné en leur honneur. J'ai refusé d'y aller, car
les organisateurs sont des républicains espagnols :
lors de la venue de Genaro, ils ont absolument manqué de tact, et je ne veux pas m'exposer à quelque
aventure de ce genre.

Je vais donc, de mon côté, dîner avec le ministre
de Portugal, dans le jardin même où a lieu le banquet. C'est un endroit charmant et tout rempli de
monde. Un détail macabre pourtant : un consomma-
teur, qui dînait à la table à côté de la nôtre, y est mort
subitement.

Aujourd'hui 2 janvier, pluie torrentielle d'eau et,
ce qui est pis, de cartes postales. Salazar nous a
donné, au commandant en second, Don Mario Qui-

jana (c'est notre surveillant), au fils du commandant, un autre guardia marina et moi, un dîner au
Jockey Club. Après le dîner il est venu de char-
mantes jeunes femmes de la meilleure société de
Buenos-Ayres.

CHAPITRE III

La guerre civile à Montevideo. — Chasse manquée. — Départ pour la pampa centrale. — L'Estancia de Ataliva Roca. — L'équipement d'un gaucho. — Le rhéa. — Battues fructueuses. — *Domada de potros.*

3 janvier. — Je pars ce soir pour Montevideo dans l'espoir d'accrocher une chasse. Je m'embarque avec mon domestique Ramos sur le bateau *Vénus,* dont le commandant, un Dalmate, fut aux petits soins pour moi. Le 4 janvier, à cinq heures du matin, nous arrivons et descendons à l'hôtel. Le même jour, à cinq heures du soir, tous les garçons d'hôtel, cuisiniers, etc., se mettent en grève, laissant le malheureux manager à peu près seul pour faire le service lui-même et nous préparer tant bien que mal un dîner quelconque.

5 janvier. — Aujourd'hui, c'est la révolution ! on se bat à un kilomètre de la ville.

Dans la république de l'Uruguay, il y a toujours deux partis : le rouge, actuellement au pouvoir, et le blanc, qui a commencé l'insurrection. Le gouvernement recrute partout des partisans.

Il est dangereux de se promener sans un passeport du consul : on risquerait de se faire ramasser par une patrouille et de se faire réquisitionner comme combattant.

Dans la ville même, il y a eu des coups de fusil et des morts. On entend très nettement la fusillade, ponctuée parfois du grondement sourd des canons.

Allons ! ma pauvre chasse est fichue et je rentrerai demain à Buenos-Ayres.

6 janvier. — Grand banquet offert en mon honneur par le ministre de Portugal. Plusieurs jolies femmes, un Français, le baron de Portalis, et un député argentin. Ces messieurs m'ont promis de m'organiser une chasse dans la *pampa centrale* (1), chez le frère du

(1) Les pampas sont de vastes plaines couvertes presque exclusivement de graminées vivaces, seules capables de profiter, pour leur entier développement, des brèves pluies du printemps. On sait qu'elles constituent à l'heure présente de merveilleux champs d'élevage.

La pampa reproduit dans l'Amérique du Sud les principaux caractères des steppes russes et asiatiques. Leur relief est à peu près insignifiant.

président. Nous partirons le 9 au matin, en chemin de fer, jusqu'à la gare de *Général Lagos*. De là, nous aurons onze lieues en voiture pour arriver à l'Estancia.

9 janvier. — Nous filons enfin, magnifiquement installés dans un confortable sleeping-car, pour nous seuls. Malheureusement, M. Portalis, qui avait tout organisé, vient d'être victime d'un grave accident, en se rendant à la gare en automobile. Il a la mâchoire fracturée, nous annonce un télégramme reçu à une gare intermédiaire.

J'ai emporté mon Winchester, calibre 12, et le *Paradox* (1). Ces messieurs sont armés de carabines Winchester et de fusils à plomb.

J'oubliai un journaliste photographe, rédacteur au *Caras y Caretas*, qui s'est joint à nous.

Nous emportons de la glace, du champagne, du madère, etc., et un cuisinier.

Leur climat est inégal et sec. Au printemps seulement, il tombe quelques abondantes averses.

Pendant l'été, la sécheresse devient intolérable et le sol durcit au point de se fendiller. Les quelques étangs d'eau douce se transforment en lagunes saumâtres.

La région des pampas s'étend au sud du Chaco austral entre le Rio Salado et le Rio Negro.

(1) Le Paradox est un fusil construit spécialement pour les explorations. Il tire indifféremment la balle et le plomb.

Le 10, à midi nous arrivons à *Général Lagos* et montons aussitôt dans des voitures traînées par cinq magnifiques chevaux.

Les chemins sont plutôt primitifs. Trois ornières au milieu de l'herbe haute d'un demi-mètre.

Le cheval de flèche, appelé *Cadenero* ou *Guia*, doit être très intelligent, car c'est lui qui cherche le chemin. Il prend généralement celui qu'il trouve le meilleur pour lui, aussi les malheureux voyageurs sont secoués comme dans un panier à salade : c'est tout juste s'ils ne versent pas.

Autour de nous, c'est l'immensité de la pampa. La plaine infinie, sans arbres, est remplie d'énormes troupeaux de bestiaux à moitié sauvages, circulant à travers la longue herbe jaune qui ondule à leur passage, comme les flots de la mer. Une profonde tristesse se dégage de cette monotone prairie, à peine coupée de quelques vallonnements.

Le long de la route, nous tirons des perdrix qui partent sous les pieds des chevaux, puis des martinettes grosses comme des poulardes et délicieuses à manger, qui s'envolent lourdement.

Je tirai le premier coup de fusil et abattis, d'une balle du paradox, un aigle qui planait à une cinquantaine de mètres au-dessus de nous.

Nous vîmes aussi un vol considérable de flamants ;

mais ils passèrent trop loin pour pouvoir les tirer.

De temps en temps, nous croisions des gauchos montés sur leurs petits chevaux. Leur costume se compose d'une chemise bouffante, d'un pantalon large rentrant dans des bottes de *potro*, c'est-à-dire taillées dans la peau de la jambe d'un cheval, d'un chapeau à large bord, ou d'un béret et d'une ceinture.

L'énorme coutelas, presque un sabre, passé dans la ceinture de cuir qui sert aussi de portemonnaie, s'appelle un *Facon*. La cravache en cuir, de 30 centimètres de long et de 7 ou 8 de diamètre, s'attache au poignet et se termine par une lanière qui en fait un fouet. Les *boleadoras*, fines lanières de cuir de 1m.50, armées à l'une des extrémités d'une boule de plomb et à l'autre d'une boule de bois, complètent leur accoutrement. La boule de bois dans la main et la boule de plomb à environ 30 centimètres de celle-là, ils font tournoyer l'appareil en laissant filer la lanière jusqu'à ce qu'elle soit complètement tendue : ils lâchent alors le boleadora, qui part comme une flèche et va s'enrouler autour du cou ou des jambes de l'autruche. Jamais ils ne manquent leur coup, et cela au grand galop de leur cheval et à une soixantaine de mètres du but. Quelques-uns attachent à leur boleadora des plumes d'autruche, pour les retrouver, au cas où ils manqueraient leur proie.

La selle se compose de trois peaux superposées et fixées par une sangle. Cette selle vous écarte les jambes d'une manière horrible. Les étriers sont de tout petits anneaux en bois où l'on peut à peine engager la pointe du pied. Il y en a d'autres en forme du T renversé, pour ceux qui montent pieds nus. Le cavalier saisit alors l'étrier entre ses doigts de pied.

A la selle est fixé le lasso, tout en cuir, de 8 à 15 mètres de long et dont le nœud coulant est un anneau en fer. Les rênes sont en cuir rond.

Pour terminer cette description, il faut signaler les éperons énormes.

Si le cavalier est riche, l'argent remplace le bois dans les étriers, les éperons, le manche de Facon, le mors et les anneaux de rênes.

Le gaucho est généralement sobre. Une tasse de maté le soutiendra pendant une journée entière. Autant il est élégant sur son cheval, autant il est lourd et maladroit à pied : on dirait un picador.

Très hospitalier et doux, il est cependant susceptible et querelleur. Les discussions et les rixes sont fréquentes entre eux.

Nous nous arrêtâmes pour prendre une tasse de thé dans une *pulqueria*, sorte de bazar où l'on vend de tout, depuis des biscuits et des boissons jusqu'à des étoffes et des bottes.

Enfin nous entrons dans l'Estancia de Ataliva Roca, dont l'étendue dépasse quatre-vingts lieues et compte près d'un million de têtes de bétail, bœufs, moutons, chevaux, etc.

Nous apercevons les premières autruches. Elles sont moins belles que leurs congénères d'Afrique. Je m'approchai avec mon paradox et tirai la première arrêtée à 80 mètres à peu près. Elle tomba foudroyée, tandis que l'autre détalait à plein galop. Une seconde balle l'arrêta net et la culbuta comme un lapin.

Le Rhéa, ou autruche américaine, est nommé par les Indiens *Cho i Rem*. Elle est aussi grande que l'autruche d'Afrique, mais ses plumes, au lieu d'être longues et touffues, sont très peu épaisses.

Ma seconde victime, un mâle énorme, se débattait encore et lançait des coups de pied terribles. Les gauchos mangent les cuisses rôties, quoiqu'elles soient généralement très dures et très coriaces.

A six heures du soir, nous arrivons enfin à l'Estancia où nous attendaient Ataliva Roca, sa femme, Alice Tomkinson, et sa belle-sœur, Suzanne Tomkinson. Après les présentations officielles, Roca nous conduit à nos chambres respectives. Je fais ménage avec le ministre de Portugal, et les trois autres s'installent dans la seconde chambre.

L'Estancia est une grande maison en briques,

d'un seul étage. On imagine le prix de revient pour une habitation aussi éloignée du chemin de fer, et nécessitant des transports aussi onéreux. L'éclairage est fourni par le gaz acétylène et l'eau est distribuée partout par une éolienne. Sa fraîcheur est exquise et par des chaleurs de 45 à 50 degrés au soleil, elle est presque glacée.

Le dîner fut des plus gais : les maîtres de maison, charmants, nous mirent au courant des usages et des coutumes du pays.

L... avait apporté plusieurs bouteilles de fine champagne qui se trouvaient avoir été achetées à Chantilly et qui provenaient de la cave de l'oncle Aumale. Vous jugez de ma stupéfaction en reconnaissant l'écusson. Vrai ! c'est incroyable : aller dans la pampa pour y boire de l'eau-de-vie de l'oncle Aumale.

Le lendemain, à 5 heures du matin, nous partons en voiture pour le grand bois de *caldenos*, sorte de grands chênes, mais d'un bois rouge beaucoup plus dur. Là nous attendaient nos chevaux et au moins une soixantaines de gauchos ou d'Indiens, qui devaient nous servir de rabatteurs.

A peine sortis du bois, nous nous engageons dans l'interminable savane. On nous poste au milieu des herbes, tandis qu'un péon emmène nos chevaux à quelque distance.

NOUS NOUS ENGAGEONS DANS L'INTERMINABLE SAVANE

Au bout de vingt minutes d'attente, des cris sauvages éclatent; je lève un peu la tête et, à deux cents mètres, j'aperçois une troupe d'au moins cinq cents autruches se dirigeant droit sur nous, tandis que les gauchos les affolaient de clameurs assourdissantes.

PUIS, SAISISSANT LE WINCHESTER, JE COMMENÇAI
UN FEU D'ENFER SUR LES AUTRUCHES

A soixante mètres de nos posturas (1) s'étendait une barrière de fil de fer que les rhéas devaient longer après nous avoir dépassés. A mes côtés, était le photographe dont vous verrez plus loin quelques épreuves. Devant moi, mes deux fusils, l'un chargé de six coups de plomb n° 2 et l'autre, de deux balles.

Il eût été dangereux d'attendre les autruches : une

(1) Postes.

bande pareille, arrivant à cette allure, renverse tout ce qu'elle rencontre. Aussi lorsqu'elles furent à une soixantaine de mètres, je me levai brusquement et tirai mes deux balles : puis, saisissant le Winchester, je commençai un feu d'enfer sur les autruches qui

JE NE CESSAIS DE TIRER ET DE RECHARGER MON WINCHESTER

avaient obliqué vers la droite à mes premiers coups de fusil.

J'occupais le poste d'extrême droite : aussitôt les gauchos de cette aile poussèrent leurs chevaux pour faire passer toute la bande le long du fil de fer, c'est-à-dire sous la ligne des fusils.

Ce fut une fusillade enragée, je ne cessais de tirer et de recharger mon Winchester.

Tout a une fin ici-bas, même les battues d'autruches.

On ramassa les morts : il y en avait plus de cent cinquante, plus une vingtaine capturées par les boleadoras des Péones.

Mes deux balles avaient porté très juste et, une fois

ON RAMASSE LES MORTS

de plus, je pus apprécier la justesse du paradox.

Tandis qu'on préparait la battue d'avant le déjeuner,
nous nous dirigeâmes vers la hutte d'un gaucho pour
manger un peu, mais surtout pour boire. Il n'était que
neuf heures, mais la chaleur était déjà gênante.

On nous apporta la moitié d'un mouton rôti à la
broche devant un grand feu de bois. On forme le
cercle autour : chacun s'arme de son couteau et l'on

se sert à même le mouton. Le misérable était tellement coriace qu'on dut se résigner à avaler les morceaux sans même les mâcher.

Malgré ce détail, nous avions tellement faim qu'il
fut trouvé excellent.

MES BALLES AVAIENT PORTÉ JUSTE

La maîtresse de maison, parfaitement laide et
d'une odeur repoussante, nous apporta un grand seau
d'eau claire et quelques pains de munition.

A peine le festin était-il commencé que nous vîmes
accourir de jeunes autruches picorant les miettes de
pain.

Après cette collation, nous remontons à cheval
pour aller nous poster dans le bois à une centaine de
mètres de la lisière, chacun derrière son caldeno.

A PEINE LE FESTIN ÉTAIT-IL COMMENCÉ QUE NOUS VIMES ACCOURIR
DE JEUNES AUTRUCHES

Une bande d'une dizaine de grands mâles débouche de l'autre côté de la ligne des tireurs. Soudain des cris s'élevèrent de l'extrême gauche où se trouvaient le ministre de Portugal, R..., L... et moi.

Nous n'y prenons pas garde.

Puis arrivent d'autres rhéas, puis un chat des pampas : il passe à une cinquantaine de mètres de moi à droite, je lui envoie quatre coups de plomb nº 2. Après la battue on le retrouve à une vingtaine de pas de l'endroit où je l'avais tiré. Les arbres me le cachant, j'avais cru l'avoir manqué.

Nous avons enfin l'explication des cris qui avaient marqué le commencement de la battue. Le ministre de Portugal arrive essoufflé : « J'étais en train d'attendre les autruches, nous dit-il, lorsque de M..., qui était à ma droite, tira : la balle siffla et je vis voler la terre à un mètre de moi. C'est alors que je lui ai crié de ne pas tirer, qu'il avait failli me tuer. » Constatations faites, ce n'était pas la faute de M.... Sa balle avait ricoché sur le tronc d'un caldeno ; mais n'importe, le pauvre ministre avait eu une belle frousse ! l'autre aussi d'ailleurs, car il est souverainement désagréable de risquer de tuer son voisin.

Pendant cette battue, huit gauchos culbutèrent au grand galop presque ensemble dans le même trou. Personne ne se fit de mal. En effet, dès qu'ils sentent leur cheval buter, ils écartent les jambes en lâchant leurs étriers, passent par-dessus la tête de leur monture et se retrouvent debout les rênes en mains. C'est extraordinaire à voir.

Après le déjeuner, nous allâmes à pied vers trois caldenos, à deux cents mètres de la maison et nous tuâmes près de deux cents pigeons ramiers ou tourterelles, qui voltigeaient d'arbre en arbre. Ce n'était pourtant pas la bonne époque et, paraît-il, il y en avait très peu.

A cinq heures, nous partons pour ce qu'on appelle une *Domada de potros*. On réunit deux ou trois cents chevaux sauvages dans un corral. Un gaucho y pénètre à cheval, en choisit un, le prend au lasso. Son cheval s'arrête alors brusquement, et la victime à moitié étranglée est obligée de céder à la traction exercée. Deux gauchos à pied appelés *derribadores* pénètrent à leur tour. Lorsque le cheval passe en galopant à côté d'eux, ils lui saisissent les jambes de devant avec leur lasso et le jettent à terre d'une secousse. On le selle alors, malgré les ruades et les morsures. Un péon saute sur son dos : le cheval se relève d'un bond et part en sauts de mouton : à ses côtés deux cavaliers le cravachent à tour de bras. Au bout de quelque temps la bête est épuisée de fatigue et presque domptée. Il faut cependant prendre garde qu'elle se jette quelquefois brusquement sur le flanc, mais les gauchos ne s'y laissent jamais prendre.

Nous rentrons dîner et nous coucher de bonne heure, car la journée a été rude et nous partons demain à quatre heures.

CHAPITRE IV

Je tue deux pumas. — La lagune aux flamants. — Le ministre de Portugal et son gaucho. — Nous quittons l'Estancia. — Le train nous attend.

12 janvier au soir. — A l'heure dite, la voiture s'ébranle et nous retournons au grand bois. Là nous retrouvons nos chevaux et gagnons la brousse, qui sert de repaire aux pumas. A sept heures nous arrivons devant un monticule tellement fourré qu'il est presque impossible d'y pénétrer : des arbustes dont les branches sont entrelacées jusqu'à un mètre du sol par d'énormes ronces. Nous nous y glissons péniblement à quatre pattes en poussant nos fusils devant nous. Les gauchos entourent ensuite le bois et ferment le cercle en faisant grand bruit.

Nous nous mettons difficilement en route à une trentaine de mètres les uns des autres, à l'exception du ministre du Portugal. Il s'était laissé entraîner à suivre les avis d'un péon qui se prétendait mieux renseigné que les autres.

Chacun de nous était accompagné d'un gaucho, habile à suivre une piste. Je m'avance doucement, sans bruit, le paradox chargé. Au bout d'une demi-heure de cet exercice, je commençais à en avoir assez. Songez donc, marcher à genoux, à travers les ronces, par une chaleur de 50 degrés et sans le moindre souffle de vent. Soudain, j'entends des cris de L.... qui était à ma droite, mais que je ne voyais pas. J'arme précipitamment mon fusil et à cinq ou six pas de moi débouche un énorme puma (1). En nous voyant, il s'arrête et se couche. Je crus qu'il allait sauter et visai rapidement au défaut de l'épaule. Le coup partit et lorsque la fumée fut dissipée, nous eûmes la joie d'apercevoir le puma étendu raide dans une mare de sang. Au coup de fusil, chacun rappliqua aussi vite que le permettaient les ronces : ce fut une

(1) Le *puma* ou lion d'Amérique, connu aussi sous le nom de *couguar*, est un grand chat d'un pelage fauve uniforme qui atteint presque la taille d'une lionne. Ce sont des animaux nocturnes vigoureux et agiles, grimpant aux arbres avec la plus grande facilité.

NOUS NOUS METTONS EN ROUTE, A L'EXCEPTION DU MINISTRE DU PORTUGAL
QUI SE MET A SUIVRE UN GAUCHO

joie générale. Quant à moi, je riais et dansais de joie. Mais au moment où l'animal avait apparu, j'éprouvais une sensation moins agréable.

Laissant mon gaucho le dépouiller, car, à cause de

JE REJOIGNIS M... PRÈS D'UN IMMENSE CALDENO

son poids et des ronces, il était impossible de le sortir entier, nous reprîmes nos places et nous remîmes en route.

Nous étions déjà tout près de la ligne des gauchos, lorsque M..., qui était à 400 mètres à gauche, m'envoya son homme me prévenir qu'il avait devant lui un puma branché sur un arbre. Le fourré était moins épais et l'on pouvait avancer facilement debout. Je rejoignis M... près d'un immense caldeno. Je m'approche et finis par distinguer un lion d'Amérique complètement aplati le long d'une branche haute. J'aurais passé cent fois à côté, sans le voir, d'autant que sa couleur se confond avec celle de l'arbre.

Ne voulant pas le tirer perché, j'envoyai les gauchos faire du bruit de l'autre côté de l'arbre, tandis que M... et moi nous nous reculions de quelques pas. Aussitôt l'animal se laissa glisser de son perchoir et se dirigea au galop vers nous. Je lui lâchai mon premier coup, et à tout hasard me jetai de côté d'un bond. J'entendis un miaulement terrible : le pauvre puma se tordait sur le sol, avec l'épaule droite brisée. Je mis fin à ses souffrances en l'achevant d'une balle de Winchester pour ne pas abîmer la peau.

Nous sortons enfin du bois après mille difficultés, B... et moi ayant tué encore un chat sauvage.

On nous signale, non loin de là, une lagune pleine de flamants. Il faut tâcher d'en tuer quelques-uns. A ce moment le photographe, qui n'avait pas osé affronter le bois, nous rejoint pour cette expédition moins périlleuse.

Après vingt minutes de marche sous un ciel torride, nous arrivons à la lagune. On ne nous avait pas trompés. Elle est rouge de flamants. Nous gagnons sans difficultés une langue de terre, auprès de laquelle se trouvaient ces oiseaux, si serrés les uns contre les autres, que d'une balle on devait en tuer plusieurs. Nous avançons toujours, sans qu'ils

manifestent le moindre émoi, et à 50 mètres nous ouvrons un feu d'enfer, L... et B... avec des douze à deux coups, M... avec une carabine Winchester et moi avec le fusil Winchester et du plomb n° 2. Pendant cinq minutes nous continuâmes à tirer sans qu'ils pensassent à s'envoler. Ils étaient si peu sauvages qu'ils nous laissaient encore nous approcher. Ils s'enlevèrent à la fin, et ce fut alors un merveilleux spectacle. Tour à tour le ciel fut rouge, blanc et noir : les arbres des collines disparaissaient sous les vols roses des flamants ; vous en jugerez d'ailleurs par la photographie que je vous donne. Il y en avait sans exagération 3 ou 4,000. La petite langue de terre et l'eau en étaient couvertes.

Je dus jeter à terre mon fusil, tant il me brûlait les mains. Ces pauvres oiseaux, loin de s'éloigner, tournoyaient sur nos têtes et revenaient sans cesse sur la lagune. En m'approchant davantage, j'eus l'explication de leur conduite.

Des milliers de nids, en forme de pyramide, jonchaient le sol. Les débris de vieux œufs couverts de boue voisinaient avec les œufs fraîchement pondus, éclatants de blancheur.

Par exemple, l'odeur exhalée par ces milliers d'œufs pourris, surchauffés par un soleil de feu, était suffocante. Je m'avançai jusqu'au bord de la lagune et commençai à tirer sur les flamants qui passaient et repassaient sur nos têtes. En moins d'une demi-heure nous ramassâmes 353 flamants, sans compter ceux tombés au milieu de la lagune, qu'on ne put avoir. Pour ma part, j'avais brûlé plus de 300 cartouches.

L'odeur pestilentielle, et surtout la faim et la soif nous obligèrent à remonter à cheval et à retourner à la hutte, où nous avions laissé la voiture et les pro-

ILS S'ENLEVÈRENT A LA FIN

DES MILLIERS DE NIDS EN FORME DE PYRAMIDE JONCHAIENT LE SOL

JE M'AVANÇAI JUSQU'AU BORD DE LA LAGUNE ET COMMENÇAI A TIRER
SUR LES FLAMANTS QUI REPASSAIENT

visions. Jamais distance ne me parut aussi longue, car le soleil était implacable. J'avais le corps brûlant et la gorge desséchée comme un four ! Enfin nous arrivons : je me laisse tomber plutôt que je ne descends de cheval et me précipite vers le seau d'eau bourbeuse. Je mâchai quelques petits morceaux de glace, pour avoir un peu de fraîcheur. Nous étions tous plus morts que vifs, déchirés par les ronces et brûlés par le soleil.

Nous dévorons, sans dire un mot, du poulet froid et une moitié de mouton. Mais le ministre du Portugal n'est pas là. Nous interrogeons les gauchos. Personne ne l'avait vu. Nous préparons quelques provisions pour son arrivée et nous nous endormons.

A deux heures, nous sommes réveillés par un coup de carabine auquel nous répondons aussitôt. C'est le malheureux ministre, qui arrive enfin, dans un état pitoyable. A cheval depuis six heures sur ces larges selles de gauchos qui vous écartent impitoyablement les jambes, il fallut le descendre, car il ne pouvait plus se tenir debout. Son gaucho l'avait égaré et il mourait de faim.

A trois heures et demie, nous remontons en voiture pour rentrer. Mais à moitié route, nous apercevons au loin des points noirs. Ce sont des chèvres sauvages, nous dit notre cocher.

L..., B... et moi sautons aussitôt de voiture et nous voilà à ramper tous les trois avec force précautions. A 300 mètres du troupeau nous nous séparons et chacun choisit sa victime. A 100 mètres L... tire; aussitôt toute la bande détale au galop.

D'un bond, B... et moi sommes debout, et les saluons d'une décharge, abattant chacun une chèvre.

Rentrés à la maison, nous tiraillons quelques pigeons et perdrix, et surtout nous couchons de bonne heure, car nous sommes anéantis de fatigue et le départ est fixé à demain midi.

Je suis désolé de partir, car les Roca sont si gentils et si simples. Pas d'embarras, ni phrases pompeuses et inutiles.

Nous avons failli manquer le train. Il faisait une telle chaleur que les chevaux ne pouvaient plus arriver au bout des quinze lieues à faire. On dut retarder le départ du train de vingt minutes, pour attendre les bagages. Cela m'a rappelé la Coruña.

Le retour s'effectua sans autre incident qu'un incendie dans la pampa. Jamais je n'oublierai le terrifiant spectacle de cet horizon en feu et des gerbes de flammes s'élançant dans les airs. La rapidité avec laquelle le fléau dévastateur se propage au milieu de l'herbe sèche est incroyable.

Je me reposai deux jours à Buenos-Ayres et partis pour chasser près d' « Entre-Rios ». Là je tuai un jaguar dans les mêmes conditions que le puma couché.

Des *carpenchas*, sorte de pécaris, des spatules rouges, un condor, des masses de canards et autres oiseaux complétèrent le tableau.

Après un séjour de cinq jours dans la capitale, je rejoignis le *Nautilus* à Montevideo. Je gardai le meilleur souvenir des Argentins et des deux ministres.

J'arrivai à Montevideo avec un peu d'influenza. La révolution y battait son plein et le pauvre *Nautilus* avait mis huit jours pour y arriver, avec un terrible vent debout.

CHAPITRE V

En route pour le cap de Bonne-Espérance. — Massacre d'albatros. — Cape-Town et Table-Bay. — Le gouverneur m'arrange une chasse aux éléphants. — Je m'embarque sur l'*Armadale-Castle*. — Le *steward* et sa tasse de café. — Algoa-Bay. — Débarquement pénible.

Le 25 février, nous levions l'ancre pour Cape-Town et le 26 nous perdions de vue les côtes de l'Amérique du Sud.

Le début de cette traversée ne fut pas de bon augure. Dès le départ, un calme plat pendant deux jours. Les vents qui viennent nous pousser arrivent si faibles que nous n'avançons qu'à pas de tortue.

6

Dieu merci! nous attrapons un bon vent de sud-ouest qui, j'espère, ne nous lâchera pas avant le Cap. Hier même, il a tellement fraîchi, qu'il a fallu serrer les huniers.

On se croirait en automobile. Depuis hier, toutes les cinq minutes, trois coups de sirène. Nous sommes au milieu d'un brouillard humide qui nous transperce. De la passerelle, il est impossible d'apercevoir le grand mât. On nous recommande de redoubler de vigilance, car la rencontre probable d'un iceberg est à redouter.

J'occupe mes loisirs à tuer des albatros. J'ai pu en ramasser deux : un, tombé sur le pont, et l'autre, rapporté par la chaloupe.

Ce sale brouillard nous accompagne, et les quarts en sont insupportables. On est bien au chaud dans son lit : il faut se lever à minuit, monter sur la passerelle et être mouillé jusqu'à quatre heures du matin.

Entre temps, le mardi gras fut l'occasion de quelques distractions. On se costuma et l'on se fit des farces réciproques. Et ce fut naturellement le pauvre aumônier qui écopa dans les grands prix. Il la trouva plutôt mauvaise.

Il est fort ignorant en matière de navigation et, malgré cela, a la manie d'interroger toujours le midship de quart au compas : *De suerte que no*

On se costuma et l'on se fit des farces réciproques

vamos a rumbo? Le guardia marina lui répondait : *No padre.* Alors il insistait : *I de suerte que cuantos kilo-metros vamos separados de rumbo?* L'autre lui répon-dait n'importe quoi, car on ne mesure la direction au rumbo que par degrés. Bref, on le rasa tellement qu'il en fut réduit à s'enfermer dans sa cabine.

Cette petite fête vint à propos pour rompre la mono-tonie de la vie à bord.

Les jours suivants, pluie et vent. Vraiment, par des temps pareils, les pauvres matelots sont bien à plain-dre, quand il leur faut carguer les voiles. Glacés par les embruns, ils s'arrachent les doigts à lutter contre la voile gonflée par le vent. A chaque instant, ils risquent de tomber à l'eau par ces nuits noires, de pluie et de brouillard. Je ne suis monté qu'une fois dans la hune : les réactions y sont plutôt vio-lentes, et je me trouvai bien plus à mon aise, une fois redescendu.

Le voyage devient plus agréable, car le baromètre s'est remis au beau, et la brise continue à bien souf-fler. Nous arriverons, *si Dios quiere*, dans peu de jours.

Ce ne sera pas malheureux pour les albatros et autres oiseaux de mer, car j'en fais un véritable car-nage. Ce sont d'admirables oiseaux, d'une élégance suprême, avec leurs grandes ailes blanches. Ils planent à la surface de l'eau : pour tourner, ils s'inclinent et font toucher la pointe de l'aile dans la mer. Ils pivotent ainsi sur place.

Leur bec est redoutable. L'un d'eux, qui mesurait 3 m. 50 d'envergure, était tombé sur le pont, vivant encore, *Cayo de Ala*, comme dirait Caterre (1). Dès qu'on s'approchait de lui, il menaçait de son large bec rose, grand ouvert, et le refermait avec un bruit de castagnette fort désagréable.

Aujourd'hui 19 février, à dix heures du matin, la vigie signale les terres du Cap. Vers les cinq heures, on voyait distinctement sur la droite le cap de Bonne-Espérance (2) et droit devant nous Table-Mount, au pied duquel se trouvent Table-Bay et Cape-Town (3).

Le vent tombe complètement vers dix heures du soir, alors que nous n'étions plus qu'à 5 milles. Enfin,

(1) Un garde-chasse de Villamanrique.

(2) Extrémité sud de l'Afrique méridionale. Il fut sans doute franchi vers le septième siècle avant Jésus-Christ, par les Phéniciens. Mais la première fois qu'on signala son existence, ce fut en 1486. Le Portugais Barthélemy Diaz le reconnut, mais ne put arriver à le dépasser à cause du mauvais temps. Aussi l'appela-t-il le *cap des Tempêtes*. Le 20 novembre 1497, Vasco de Gama le franchit et continua sa route vers l'Inde.

Ce fut le roi de Portugal, Jean II, qui lui donna le nom sous lequel il est actuellement connu.

(3) Capitale de la colonie anglaise du Cap, elle est le siège du gouvernement de la colonie et la résidence du gouverneur. Elle possède aussi une Cour suprême de justice, une haute école de sciences et de lettres, une bibliothèque, un musée, un observatoire et un jardin botanique.

Le port est vaste et bien abrité, la citadelle et les fortifications sont modernes; un arsenal et de nombreux chantiers de construction complètent cet ensemble.

ILS S'ARRACHENT LES DOIGTS A LUTTER CONTRE
LA VOILE GONFLÉE PAR LE VENT

LA BRISE CONTINUE A BIEN SOUFFLER

à deux heures du matin, une faible brise nous permet d'entrer et de mouiller.

A midi, nous étions amarrés dans les docks. Il était grand temps, car à deux heures éclate une tempête effroyable.

La ville est horriblement sale. Quand il pleut, on patauge dans la boue jusqu'à la cheville : quand il y a du vent de sud-est, comme il y en a presque toujours, la poussière est telle qu'il faut mettre des lunettes d'automobile.

On rencontre partout des *handsom-cab*, mais plus bas que ceux de Londres.

Table-Mount est une montagne assez élevée dont le sommet est complètement plat et horizontal. Lorsque le sud-est souffle avec une force, que je n'ai jamais vue que là, de gros nuages s'accumulent au-dessus de la montagne et forment le Table-Cloath, sans jamais bouger ni changer de forme.

Je rendis visite au gouverneur, qui se montra très aimable et me promit de m'arranger une chasse aux éléphants. Voyez d'ici dans quel état je suis !

23 février. — Quelle joie ! Il me donne une lettre pour un de ses amis habitant Port-Élisabeth à Algoa-Bay : ce dernier doit tout préparer. Je ne fais qu'un saut à bord pour préparer mes fusils, munitions, vêtements, etc., puis prendre mon billet et celui de mon domestique, sur l'*Armadale-Castle*, en partance demain 24, à cinq heures du soir.

Je suis dans une mortelle inquiétude, car le commandant vient de recevoir une dépêche de Madrid lui prescrivant de partir le plus tôt possible et de faire route sans toucher ni à l'Ascension, ni à la Martinique.

Il a répondu qu'à moins d'ordre contraire, il partirait le 5 mars. Et par suite, il ne veut pas me donner de permission avant d'avoir reçu la réponse de Madrid.

Enfin, après bien des difficultés, il a consenti à mon départ : je devrai être de retour à bord le 4, et, dans le cas où le *Nautilus* aurait déjà levé l'ancre, prendre un steamer pour le rejoindre à Sainte-Hélène.

Le gouverneur m'envoie toute une liasse de paperasses, ce sont les licences pour les armes : une pour embarquer les fusils et cartouches, une seconde pour les débarquer à Algoa-Bay, deux autres pour les avoir dans la colonie du Cap, et les deux dernières pour les ramener à Cape-Town.

Enfin, l'heure tant attendue a sonné. Je me rends, en cab, au vapeur, qui n'est pas loin de nous. Je prends possession de ma cabine, qui est très confortable. La cloche sonne et nous partons.

Après avoir soigneusement disposé mes bagages

dans ma très spacieuse cabine, je monte sur le pont pour voir la sortie.

Un sud-est de tous les diables soufflait et la mer était démontée : nous avions juste le vent debout.

J'étais depuis dix minutes sur le pont, lorsque le commandant Robinson se dirige vers moi et se présente. Nous causons métier pendant un bon moment. Il s'excuse de ne pouvoir me mettre à sa droite à table; il faudrait déloger des dames qui sont à bord depuis l'Angleterre.

A six heures et demie, le clairon annonce le dîner. Arrivé dans la belle salle à manger, un steward me montre ma place à la table du capitaine. Je suis entre l'évêque de Cape-Town et un autre monsieur. Nous causions depuis quelque temps, quand le pauvre prélat dut se retirer : notre bateau, malgré ses 12,000 tonnes, tanguait de.façon fort désagréable pour les estomacs délicats.

Après le dîner il fut impossible de stationner sur le pont balayé à chaque instant par des paquets de mer. Mais la musique du bord nous fit passer d'agréables moments. A dix heures j'allai me coucher.

A six heures du matin, le steward entre dans ma cabine et veut absolument me faire avaler une tasse de café. Je l'ai naturellement envoyé à tous les diables. On n'a pas idée de venir ainsi réveiller les gens pour leur faire prendre de force un breuvage qu'ils ne demandent pas. .

A huit heures et demie, je me rends à la salle à manger. Le capitaine m'apprend que nous avons eu très gros temps pendant la nuit : une des chaloupes défoncée, les vitres de la passerelle brisées par un paquet de mer, quelques autres avaries.

A ma grande horreur, on m'apporte, devinez quoi? — Un plat de porridge (1)! Je le refusai avec dégoût : cela me rappelait trop le *more milk,* de ma tendre enfance.

Sur le pont je retrouve le pauvre évêque complètement vert. Après beaucoup d'efforts, il parvient à me dire : *I feel very sick, coud'nt sleep, ship made noises.* Pauvre homme!

Pendant la journée le vent se calma, et peu à peu la mer s'apaisa. Je passai presque tout le temps sur la passerelle avec les officiers, qui sont des midships comme moi, ou à écouter la musique du bord.

. Nous jetons l'ancre à Algoa-Bay (2) à quatre heures. Le 27, à huit heures du matin, on me prie de passer

(1) Soupe d'avoine : c'est le plat national d'Écosse.

(2) Grande baie de l'Afrique du Sud, dans la colonie du Cap, entre le cap Recife au sud-ouest, et le cap Woody au nord-est, distants l'un et l'autre de 61 kilomètres. La baie reçoit les eaux des rivières de Zwartkop, de Coega et de Sunday. Sur ses côtes méridionales se trouvent la ville et le port Élisabeth, seul refuge contre les vents violents du nord-ouest sur cette partie de l'Afrique.

au *gentlemen's smoking room,* où attendait le médecin de la Santé, chargé de s'assurer que les passagers qui débarquent ne sont pas atteints de la peste. Il s'informe de mon nom, puis, après avoir proféré un *very well* satisfait, me laisse libre. Voilà au moins un médecin perspicace qui, sur le seul énoncé de votre nom, peut diagnostiquer un parfait état de santé. C'est charmant !

La mer était encore démontée, et le quai à 3 kilomètres environ. Je me demandais comment on allait pouvoir embarquer dans les remorqueurs ; il était impossible d'y arriver par l'échelle de coupée.

Sur la plage, qui se trouve dans la direction nord-est-sud-ouest, trente-sept voiliers étaient échoués, jetés à la côte par la tempête de la nuit précédente. La rade est, en effet, ouverte en plein au terrible vent de sud-ouest.

Après le *breakfast* un remorqueur arrive, muni d'un énorme panier en osier, percé d'une porte. C'est là dedans qu'on va nous transborder ! On fixe le panier à un palan, on le hisse à bord. On y empile, à force, une dizaine de personnes. On hisse à nouveau : un quart de tour, on laisse filer le câble et l'on dépose le colis, car c'en est un, sur le pont du remorqueur.

Mais celui-ci monte et redescend sur les vagues échevelées. Cela provoque des atterrissages plutôt violents, si j'en juge par les cris de putois que poussent les sardines du panier.

Enfin, notre tour arrive. J'entre avec neuf personnes qui m'écrasent résolument les pieds. Je me venge en leur défonçant les côtes; nous perdons l'équilibre à chaque mouvement du bateau. On nous hisse et lorsque la vergue s'éloigne du bord, le panier tournoie comme une toupie : c'est odieux. Puis trois secousses effroyables : nous sommes sur le remorqueur. On nous ouvre la porte et chacun en sort sans se faire prier.

Ce n'était que le début de nos misères; nous étions à peine sur le remorqueur, qu'une lame balaie de bout en bout le pont encombré de voyageurs et de bagages. Je me réfugie derrière la guérite de l'homme de la barre. En arrivant à terre j'étais à l'état de beefsteak : j'avais fait le trajet assis sur la chaudière. Pour débarquer, il nous fallut franchir d'un saut une distance d'au moins 1 m. 50.

Enfin j'arrive à l'hôtel et déjeune. Je me mets ensuite à la recherche de James L..., auquel le gouverneur avait écrit pour organiser la chasse. Je le trouve avec son fils C.... Il télégraphie aussitôt à un M. H..., habitant près de Barkly-Bridge, sur le Sunday-River. C'est le grand chasseur d'éléphants de la contrée.

Pendant la journée je visitai la ville, qui est fort curieuse avec ses rues descendant à pic sur la mer; quelques-unes sont de véritables escaliers. Pendant la guerre, elle fut remplie de blessés, car plusieurs combats importants se livrèrent aux portes mêmes de la ville. Les Boers, cependant, ne purent s'en emparer, la garnison étant trop forte et trop bien retranchée.

Le soir, M. L... et son fils arrivent accompagnés de H... et de son beau-frère C..., pour étudier le plan de campagne. Il fut convenu qu'on prendrait le train de dix heures du matin pour Barkly-Bridge. M. L... s'occupera d'y faire ajouter le wagon du directeur en chef du chemin de fer. Ce wagon comprend cuisine, salle à manger, salle de bains et trois cabines. On le garerait sur une voie séparée : il nous servirait ainsi de campement pendant toute la chasse.

CHAPITRE VI

Dans l'Addo-Bush. — Une ferme d'autruches domestiques. — A la piste
des éléphants. — Un désagréable compagnon de table. — Je tue mon
premier éléphant. — Pluie diluvienne.

28 février 1904. — Nous nous embarquons, L…
fils, C…, deux cuisiniers, mon domestique et moi,
dans le wagon, qui est des plus confortables, et… en
route.

H… est parti depuis cinq heures, pour tâcher
d'avoir des nouvelles des éléphants. Il doit nous
attendre à Barkly-Bridge. Après avoir déjeuné dans
le train, nous arrivons. On décroche le wagon. H…
arrive et nous apprend que les pachydermes sont à
environ 5 milles, au milieu de la brousse inextricable
de l'Addo-Bush!

Le temps de prendre nos gourdes, mon 500/450 cordite et une dizaine de cartouches, et nous partons, L..., H... et moi, pour la maison d'H..., où mes compagnons s'arment chacun d'une carabine calibre 8. Nous partons ensuite pour le Bush.

Sur les bords de la rivière, le terrain est plat et couvert d'une herbe courte; de distance en distance, des touffes de ronces où s'abritent des duikers, bush-bucks, glysbucks (1), chacals, chats, lièvres, etc.

Puis la végétation s'épaissit, en même temps que nos jambes accusent une pente qui s'accroît sans cesse. Au loin, couvertes d'une brousse inextricable, se dressent les collines où les éléphants ont passé la nuit précédente.

Le long de la rivière, des huttes de Cafres (2), rondes et construites en troncs d'arbres et en boue ; elles abritent à la fois le père, la mère, les enfants, les moutons, les poules, les chiens, etc. Je n'ai jamais eu le courage de pénétrer à l'intérieur de ces cabanes, tant l'odeur qui s'échappe de la seule petite porte était suffocante.

______

(1) Différentes variétés d'antilope : *buck*, en anglais, veut dire *daim*.

(2) Cette désignation embrassait, dans les premiers temps de l'hégire, tous les habitants de l'Afrique orientale non convertis à l'islamisme.

Aujourd'hui, on le réserve aux Matabelés, aux Bassoutos et aux Bechuanas, c'est-à-dire à la plus grande partie des habitants de l'Afrique australe.

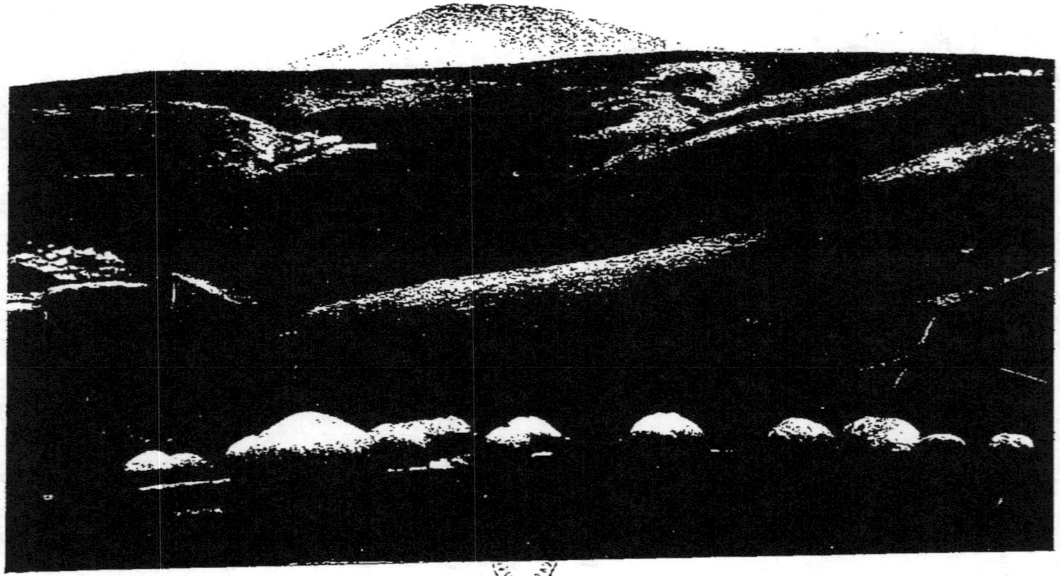

LE LONG DE LA RIVIÈRE, DES HUTTES DE CAFRES

Les femmes sont sommairement vêtues, une sorte de pagne attaché autour des reins, et c'est tout. Elles fument la pipe et la bourrent avec une espèce de graine qui ressemble au *kiff* arabe. A cause de l'excessive chaleur, près de 60 degrés, elles s'en-

JE N'AI JAMAIS EU LE COURAGE DE PÉNÉTRER
DANS L'INTÉRIEUR D'UNE DE CES HUTTES

duisent la figure de chaux : c'est d'un effet saisissant, cette face cadavérique surmontant un corps d'ébène.

Les hommes s'habillent de tout ce qu'ils peuvent trouver : vieux habits, uniformes, sacs, etc... Comme arme, un casse-tête en bois qu'ils nomment *knob-kerrie*.

Autour de nous gambadaient des autruches domestiques appartenant à H... : cet élevage lui rapporte dans les 2,000 livres par an. C'est plutôt coquet !

On les dépouille de leurs plumes, au mois de jan-

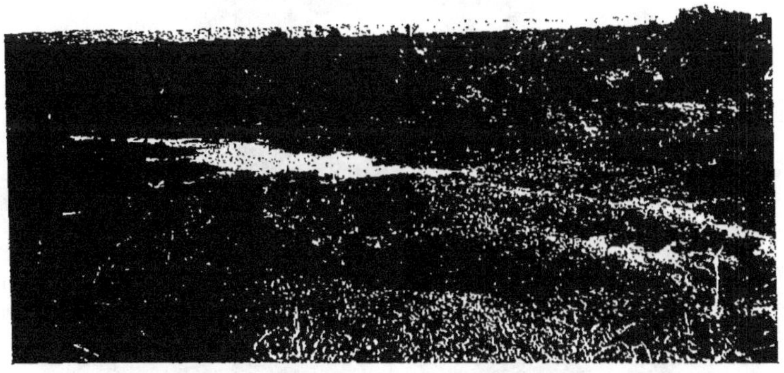

vier, généralement. Pour cette opération, on renferme les mâles dans un corral, on les pousse vers la sortie, formée de deux barrières. Aussitôt un homme jette un sac sur la tête de l'animal et l'emprisonne : son compagnon en profite pour couper les plumes blanches, noires et grises. Au bout de trois mois les bouts tombent et de nouvelles plumes poussent à la place.

LES FEMMES SONT SOMMAIREMENT VÊTUES :
UNE SORTE DE PAGNE, ET C'EST TOUT

UN MARIAGE CAFRE

Nous sommes maintenant dans une vallée, entourés d'une végétation tellement épaisse que l'on voit à peine à 50 mètres autour de soi. La chaleur est étouffante : il n'y a pas le moindre souffle d'air. Les arbres les plus hauts n'atteignent pas 3 mètres; ils n'ont aucune feuille, mais, en revanche, sont hérissés d'épines de 5 centimètres de longueur. La plupart sont recouverts d'une épaisse couche d'orchilla. Je ne crois pas avoir vu quelque chose de plus étrange que ces grandes mèches grisâtres, pendant le long des arbres et se balançant à la brise, qui murmure en les agitant. On eût dit la chevelure d'un vieillard.

Au bout d'un mille, la brousse devient tellement épaisse qu'il nous fallut suivre, à la file indienne, un sentier formé par la piste des éléphants. Nous marchions courbés en deux, car les branches se rejoignaient à environ 1 m. 50 de hauteur. Et le long de ce boyau les crochets du *Wait a bit*(1), les épines des mimosas et des yuccas, nous agrippaient au passage, déchirant les mains, les bras et les jambes.

Mon costume de tussor est merveilleux. Les épines glissent dessus sans l'entamer. Mais à cause de la chaleur je suis en manche de chemise, et mes bras en souffrent cruellement.

(1) Littéralement : *Attends un peu.*

A chaque instant il faut s'arrêter pour détruire, tendue en travers de notre chemin, la toile d'une araignée jaune, rouge et verte de la grosseur d'une noix, ou bien encore tuer un *puff-ader*, serpent dont la morsure est foudroyante.

Je crois qu'H... s'était mis en tête de me tuer de fatigue. Il gravit au pas gymnastique la côte, sans se préoccuper de la chaleur, des ronces et de la grosse carabine dont nous sommes chargés. Lui, qui passe sa vie à cela, y est entraîné, tandis que nous autres, c'est notre première expédition de ce genre. L..., qui est très gros, en fut réduit, au haut de la montagne, à serrer de deux crans son ceinturon, tant son ventre diminuait à vue d'œil.

Nous arrivons à une petite mare. D'après les empreintes et la boue sur les buissons, les éléphants y ont bu et ne doivent pas être très loin. Je ne puis m'empêcher d'avoir quelques palpitations de cœur. Il y a de quoi être ému, en se sentant dans le voisinage d'animaux si puissants et qu'on ne peut fuir, s'ils vous chargent.

Selous, le grand chasseur, y était venu pour chasser l'année dernière ; mais quand il vit l'épaisseur de la jungle, il s'en fut, en disant : « Moi, je ne chasse pas ici, il faut être fou à lier pour s'y risquer. »

Les deux nègres, Jim et le vieux William, se jetè-

UNE FAMILLE CAFRE

FEMMES CAFRES

rent à plat ventre et burent à même l'eau infecte de la mare. Nous eûmes recours à nos gourdes.

Nous recommençons ensuite à suivre la piste, nous arrêtant à chaque pas, tressaillant au bruit d'un bush-buck. On n'y voit pas à dix mètres et il faut être prêt à tout, car il faut s'attendre à être chargé par un éléphant ou un buffle.

Au bout d'une heure, la piste tourne, et nous sommes obligés d'y renoncer. Le vent n'est plus favorable et il est inutile, dangereux même, d'essayer d'aborder les éléphants dans ces conditions.

Le retour ne fut pas très gai. Heureusement, en haut de la colline, je tuai un magnifique bush-buck.

Nous étions morts de fatigue en arrivant au wagon. Nous avions marché sans arrêt, d'une heure de l'après-midi à huit heures du soir. Aussi le dîner fut-il vite dévoré : le dernier morceau dans la bouche, chacun s'empressa de prendre un repos bien gagné.

Dimanche. — A cinq heures, nous déjeunons copieusement, car nous n'avons pas d'autre repas de la journée, à peine un peu de *beltong* à grignoter. Le beltong est tout simplement de la viande de buffle ou d'antilope, coupée en lanières minces et séchée au soleil. Ce n'est pas mauvais, mais c'est terriblement résistant, et il faut le mâcher indéfiniment comme une vieille semelle de botte.

Nous nous mettons en route au lever du soleil. Le brouillard, qui s'étend au ras du sol, nous promet une

EN HAUT DE LA COLLINE, JE TUAI UN MAGNIFIQUE BUSH-BUCK

chaude journée. Vers huit heures, nous tombons sur une piste toute fraîche d'environ quatre-vingts grands éléphants, et un tout petit.

Après l'avoir suivi pendant près d'une heure, les fumées encore chaudes nous donnent l'assurance que nous approchons. Un arbre est là : Jim y grimpe comme un singe pour inspecter les environs. Mais à peine en haut, il en dégringole, le visage décomposé par la terreur. Sa face noire est devenue gris cendre. H... nous met au courant.

Nous sommes entourés d'éléphants, et si, par malheur, l'un d'eux nous éventait et nous chargeait, ce serait la mort inévitable. Toute la bande, au premier signe d'alarme, se réunirait au centre et nous écraserait.

Nous avions, sans nous en douter, passé à moins de 20 mètres de l'un d'eux. Quelques pas de plus et nous étions perdus. Nous n'avons pas demandé à en savoir plus long. Sans le moindre bruit, nous avons déguerpi le plus vite possible.

Arrivés à une distance respectable, nous nous arrêtons pour manger un morceau et surtout pour discuter le plan d'attaque. Jusqu'à trois ou quatre heures les pachydermes restent à la même place, puis alors se mettent en route pour parcourir la forêt.

J'étais tranquillement appuyé contre un arbre, en train de grignoter un morceau de beltong, lorsque je vois une liane verte se dérouler au-dessus de mon épaule. Je me retourne. Horreur! c'était un énorme serpent vert de près de 2 mètres de long. Il paya de sa vie ma frayeur. Je le coupai en deux avec mon couteau de chasse.

Après ce léger repos, nous continuons notre marche

pour gravir la montagne et explorer la brousse avec nos jumelles. Après bien des difficultés et des fatigues, nous y parvenons. H... prend sa lorgnette et bientôt nous signale une masse rougeâtre, ou plutôt brune, que j'aurais prise pour un arbre mort. C'est un éléphant! Le cœur me bat comme s'il allait éclater. Les fatigues furent vite oubliées.

Nous reprenons les pistes de manière à recouper celle de l'éléphant, que nous venons de voir. Le vent nous est toujours favorable.

Enfin le voici : nous redoublons de précaution. H... en tête, ensuite moi, puis Jim, L... et le vieux William. Nous marchons ainsi pendant près d'une heure, sous un soleil implacable, sans eau, car une des gourdes avait fui. Ajoutez à cela un fusil pesant quatorze livres et des ronces qui nous obligeaient à ramper à travers leurs épines.

Soudain H... s'arrête si brusquement que je faillis tomber sur lui. A environ 10 mètres de nous et à 3 mètres du sol, une grande chose brunâtre se balançait. C'était l'oreille d'un éléphant qui se trouvait à gauche de la piste que nous suivions.

J'arme ma carabine, je l'élève doucement en visant à 20 centimètres du bord de l'oreille et presse progressivement la détente. Une violente détonation éclate, mais l'éléphant reste debout. Je croyais mou-

rir, et je lâchai l'autre coup. Cette fois, un trem-
blement de terre, et un fracas de branches brisées
suivit le coup de fusil : l'énorme animal était mort.

J'ouvrais mon fusil pour le recharger, lorsqu'un cri
strident retentit. Les branches, les arbres, les ronces
s'écartèrent violemment. C'était un autre éléphant, le
mâle, qui nous chargeait à la vitesse d'un express !

Le temps de dire mentalement au revoir à vous
tous et de recommander mon âme à Dieu, car tout
était bien fini, et l'éléphant était sur nous. Je me sentais sous ses pattes, lorsqu'un coup de canon éclate
suivi d'un bruit épouvantable. C'était H… qui venait
de tuer l'animal d'une balle de calibre 8, en plein
cœur. Le pachyderme s'était écroulé à trois yards de
l'endroit où nous étions.

Après l'avoir félicité de l'adresse et du sang-froid
dont il avait fait preuve, nous allons voir nos victimes.

La mienne, une vieille femelle, mesurait 11 pieds
du sol à l'épaule ; malheureusement les défenses,
quoique d'un ivoire parfait, n'étaient pas très grandes.
En tombant, elle s'était fait une véritable clairière. La
première balle avait juste endommagé la cervelle et
paralysé par conséquent tous les mouvements, la
seconde frappa en plein dedans et la tua net.

L'autre éléphant, le mâle, était plus petit, mais avait
des défenses beaucoup plus belles.

Laissant là les deux monstres, nous nous remettons en route, très contents d'avoir si bien réussi. Malheureusement la soif se faisait cruellement sentir ; notre provision d'eau était épuisée et les feuilles d'*elephant's food,* très amères, ne suffisaient pas pour l'étancher. Aussi, en arrivant à une mare d'eau bourbeuse et puante, nous bûmes à même et remplîmes soigneusement nos gourdes. Jamais boisson ne nous parut plus exquise que cette boue liquide et chaude.

Vous décrire la joie que je ressentais d'avoir tué cet énorme animal est impossible. Je faillis sauter au cou de H... et de L... Quant au vieux William, il hochait la tête en disant : *Good very! Baas captain.* C'est ainsi qu'ils me nommaient.

Au retour, j'eus la chance de tomber sur un léopard en train de dévorer une autruche. Il détala en nous apercevant. Une balle expansive l'arrêta net. J'étais radieux, car le léopard est le plus joli animal qu'on puisse voir avec son superbe pelage tacheté. Il est difficile à tuer, car il est presque impossible de l'apercevoir dans la brousse. Parfois, il grimpe sur un arbre et se laisse délicatement tomber sur sa victime. Pareille aventure advint au frère de H... : il tua son léopard d'un coup de couteau, mais fut obligé de garder le lit pendant un mois, avec toute l'épaule emportée.

EN TOMBANT, ELLE S'ÉTAIT FAIT UNE VÉRITABLE CLAIRIÈRE

A sept heures du soir, nous arrivons enfin au wagon, tellement épuisés que nous pouvions à peine nous traîner. Nous avions si faim, qu'il ne resta plus rien du dîner. A peine dans mon lit et avant même, je crois, je m'endormis comme une masse, les jambes brisées et l'épaule écorchée.

SPION-KOPJE

CHAPITRE VII

Un rhinocéros nous charge. — Battues d'antilopes. — L'affût aux buffles.

1er mars. — Nous partons à six heures après un copieux déjeuner, comme hier. Il tombe des torrents de pluie. Nous avons de l'eau jusqu'au-dessus du genou. Cela promet une journée agréable! Toujours en manche de chemise et en pantalon kaki, le lourd fusil nous coupant l'épaule, nous cheminons d'aussi mauvaise humeur que le ciel.

Après trois heures de marche, mouillés jusqu'aux os, nous reconnaissons qu'il est impossible de suivre une piste.

Les sentiers tracés par les éléphants sont changés maintenant en véritables torrents, et dont le fond est glissant comme de la glace. J'en ai fait l'expérience, en tombant à plusieurs reprises.

Nous mangeons un morceau et commençons ensuite l'ascension d'une des collines. Peut-être apercevrons-nous un éléphant du sommet. Rien ne peut égaler cette pénible montée, sous une pluie devenue glacée, grelottants, sans rien nous dire. A chaque pas en avant, on reculait de deux en arrière. Les branches que nous écartions nous cinglaient une douche dans le cou. Arrivés en haut, nous regardons... Rien !

Nous avions marché pendant plus de deux heures, au milieu de fatigues inouïes, pour rien ! Nous nous décidons alors à redescendre vers la rivière.

Nous traversions une espèce de clairière, ayant à gauche, à un kilomètre environ, la rivière et, à droite, le bush. Nous tenions nos fusils chargés, mais pas armés, le canon dirigé vers la terre à cause de la pluie. Moi, je le portais en bandoulière.

Soudain, du bush qui nous séparait de la croisière, à 20 mètres de nous, éclate un cri strident, qu'on ne peut mieux comparer qu'au grognement de cent cochons. Les broussailles s'écartent violemment et un énorme rhinocéros nous charge tête baissée.

Le temps d'armer et d'épauler ma carabine, il était à 15 mètres. Je vise au défaut de l'épaule. Le coup part. Il culbute comme un lapin. La balle avait brisé une côte et pénétré droit au cœur.

Le rhinocéros est très rare en cette région, et c'était seulement le second qu'on avait tué en trois ans.

Je n'ai jamais senti une puanteur pareille à celle que dégageait cet immonde pachyderme. Il avait dû prendre notre vent et nous avait chargés comme ils le font toujours dans ce cas.

Enfin, vers cinq heures et demie, la pluie cessa. Nous étions tellement mouillés que tout nous était indifférent, qu'il pleuve ou non.

A sept heures nous parvenons au wagon, pas fâchés de nous ·changer, de nous sécher et surtout de prendre un bon dîner. Entre autres plats figurait une patte d'éléphant, cuite en terre. C'est un mets délicieux, qui fond dans la bouche comme de la gelée. On avait aussi apporté les défenses, que je conserve comme trophée.

2 mars. — Ce matin H... a un peu de fièvre, L... une angine et quant à moi, je suis tellement courbaturé que je peux à peine marcher.

Aujourd'hui nous allons tâcher de tuer des anti-lopes, des élans, *koudoos*, puis faire des battues avec les Cafres, pour les animaux plus petits.

A dix heures moins le quart, nous partons à cheval pour la région des hautes herbes. Après une heure et demie de bon galop, nous arrivons de l'autre côté de la seconde chaîne de collines. Devant nous, une immense plaine à peine ondulée et couverte d'une herbe qui nous arrive à la poitrine. Le gibier y abonde.

Nous suivons pendant près d'une heure la piste d'un grand koudoo (1) et l'apercevons enfin sous un arbre, à environ 300 mètres. Ses énormes bois tordus et ses formes élevées lui donnaient un aspect superbe.

Je pars en rampant, car l'herbe est beaucoup moins haute ici. Lorsque j'arrive à 200 mètres de lui, il cesse de brouter et regarde de tous côtés comme s'il flairait un danger. Je n'hésite plus et, profitant de l'instant où il se retournait comme pour fuir et me présentait le flanc gauche, je lui loge une balle en plein cœur. Il tomba foudroyé.

J'étais ravi, car le koudoo est un des plus beaux coups de fusil qu'on puisse rêver. Tandis qu'un nègre le dépouillait de ses bois, nous continuons notre chasse.

(1). Genre d'antilope (nom scientifique : *strepsiceros*). Les cornes sont enroulées en vrilles. On connaît deux espèces de koudoos : le grand, qui atteint 1^m,60 au garrot et porte un grand fanon, qui manque au petit koudoo. Celui-ci a sur sa robe des rayures plus nombreuses.

A 150 mètres de nous, quatre élans sont arrêtés. Le terrain ne permet pas d'essayer de les approcher : chacun choisit le sien; le nègre Jim commande le feu. Les trois détonations éclatent ensemble.

Deux élans sont étendus par terre : l'un mort et l'autre se débattant à grands coups de pied. Mon animal avait filé au grand galop avec le quatrième élan, et ils étaient trop loin pour lui envoyer une seconde balle. J'étais dans un indescriptible état de fureur. Manquer un coup de fusil relativement facile !

Nous arrivons à l'endroit où il était et trouvons un peu de sang. Ceci me donna de l'espoir. Six cents mètres plus loin, la pauvre bête avait eu des vomissements, preuve certaine d'une blessure au foie, par conséquent mortelle.

Enfin, en arrivant dans une clairière, nous l'apercevons s'avançant péniblement, la tête basse. Cette fois je ne manquai pas la bonne place et ma balle mit fin à ses souffrances.

Deux gnus (1) tombèrent ensuite sous mes coups. Cet animal, mélange extraordinaire du taureau et du cheval, produit l'effet le plus étrange que l'on puisse

(1) Antilope de la taille d'un âne. Le train de derrière, fin et surbaissé, rappelle le cheval, dont ils ont la queue. La tête, énorme et armée de cornes recourbées, est celle du bœuf.

imaginer. Une troupe de gnus, à la vue d'un homme, part au galop en faisant des cabrioles grotesques, s'arrête et repart dans tous les sens.

J'eus encore la chance d'abattre un gemsbubuck, un sassaby et un hartebusk, tous antilopes de grande taille et gibier très apprécié des chasseurs.

J'étais si content que je ne savais plus ce que je disais ou ce que je faisais. Je ne sentais même pas la chaleur qui était épouvantable.

Voici les mesures des bois de ces différents animaux :

Kudu.......	37 c/m. de pointe à pointe,	36 c/m. de longueur.
Élan........	—	27	—
Gemsbubuck.	—	43	—

Ce qui est un assez beau record. Les autres, sans être aussi grands, sont d'une taille respectable.

Après un léger lunch, on fit quatre battues. Je n'ai jamais tant ri que ce jour-là. Figurez-vous une centaine de nègres, à peine vêtus, sautant et gambadant, en poussant les clameurs les plus étranges. Ils firent tant de bruit à travers les ronces et les broussailles que nous réussîmes à tirer une quarantaine de pièces, tant antilopes que chats sauvages ou jachals, etc.

Nous rentrons dîner au wagon, pour repartir ensuite à l'affût aux buffles, près d'une mare qui borde la rivière.

La lune n'était pas encore levée : nous arrivons au pied de l'arbre. La place est admirablement choisie : nous sommes dans le chemin suivi par les buffles et le vent est pour nous.

Nous n'osions ni parler ni fumer : cela aurait pu être dangereux. Aussi chacun restait perdu dans ses réflexions.

Enfin la lune se leva et presque aussitôt une brise plus fraîche commença à murmurer imperceptiblement. Sous cette pâle clarté, les collines paraissent plus solitaires et plus sauvages, la plaine et les forêts plus mystérieuses. C'était un paysage de rêve, une vision d'un autre monde, tout baigné de cette lumière argentée.

Ma parole! devant ce merveilleux spectacle, je serais devenu poète, n'eût été ma position plutôt incommode. Mais je défie qui que ce soit de devenir lyrique, assis dans la boue, au milieu d'un roncier. Aucun buffle ne vint et, après avoir attendu près d'une heure et demie, je crois qu'entre la fatigue et la déception, j'ai dû m'endormir.

Soudain, je me réveille en sursaut : H... vient de me toucher le bras. J'entends alors très distinctement un bruit de branches brisées. Un instant après, débouche... un simple *bush-buck!* J'étais tellement furieux que je l'aurais tiré, si H... ne m'en avait pas empêché. Après avoir bu, il s'en alla, sans se douter du danger qu'il avait couru.

A peine était-il parti, que le même bruit recommença, mais beaucoup plus fort. Plus de doute, cette fois, ce sont des buffles. En effet, les voici. Éclairés par la lumière blanche de la lune, ils se détachent admirablement. Nous attendons cependant qu'ils aient bu et qu'ils passent à notre droite. Nous faisons feu alors de nos deux coups. L'effet des balles expansives, une fois encore, fut terrible. Je venais de faire coup double. Nous attendons encore un moment et en abattons trois autres, dont un nous chargeait furieusement.

A quatre heures, nous rentrons nous coucher, transis de froid et morts de fatigue. Hélas! c'est ma dernière chasse, car mon train part tout à l'heure, à huit heures du matin.

Après des adieux touchants et des remerciements bien mérités, le convoi s'ébranle et me voici dans un compartiment réservé, à destination de Cape-Town.

Au début du voyage, c'est le *bush* avec ses changements de végétation pittoresques, mais âpres. Puis ensuite, c'est la série interminable des *kopjes* dénudés et tristes, sans aucune végétation. Le sol est d'une couleur brunâtre.

Au bout de quarante-huit heures d'un voyage monotone, par une abominable chaleur, nous arrivons à Cape-Town.

A bord, je déballe mes trophées de chasse pour les montrer au commandant, aux officiers et à mes camarades. La corne du rhinocéros et la peau du léopard excitent surtout leur admiration.

LE CAP DE BONNE-ESPÉRANCE. — TABLE-MOUNT

CHAPITRE VIII

Une corrida à bord. — Je tombe malade. — Insuffisance du service médical. — Sainte-Hélène. — Visite à la maison et au tombeau de Napoléon. — Dîner de gala chez le gouverneur. — Périlleux départ de Sainte-Hélène.

Le 5 mars, on embarque à bord des bœufs. Ce fut l'occasion d'une scène tragi-comique. Un animal se détache et se sauve vers l'arrière, au moment où deux curés entraient sur le bateau par la coupée. Voyant la bête arriver sur eux, ils se sauvent en poussant des cris de désespoir, ils escaladent la dunette, tandis que leur adversaire, emporté par son élan, franchit le bastingage et se jette à l'eau. Les deux malheureux ecclésiastiques, plus morts que vifs, s'empressèrent de quitter le navire, sans demander leur reste.

Un autre bœuf se dégagea d'une secousse, au moment où on le suspendait par les cornes. Il s'enfuit dans une course furieuse à travers les docks. Rencontrant un policeman qui faisait gravement les cent pas, il l'envoya en l'air d'un coup de corne, puis culbuta un cab. Le poste de police put heureusement le tuer à coups de fusil.

6 mars. — A deux heures de l'après-midi, le remorqueur nous sort des docks et de la rade et nous voici une fois de plus livrés au gré des vents.

C'est ce qu'il y a de plus dur dans le métier. Après de longs jours entre le ciel et l'eau, on arrive à un port. Les premiers jours ne sont guère amusants, car on ne connaît personne. Je ne parle pas pour moi, qui ai toujours eu des diversions, mais pour mes camarades. On finit cependant par faire des connaissances, avoir des amis, s'amuser, s'intéresser : et c'est alors qu'il faut repartir et recommencer le même cycle.

11 mars. — Je suis pris d'un violent accès de fièvre et d'intolérables douleurs de tête. Il fait trop chaud pour que je puisse rester couché dans ma cabine, comme il serait prudent de le faire; aussi je suis obligé de monter sur le pont.

Hier j'étais couché sur mon lit, le hublot ouvert.

LE 5 MARS, ON EMBARQUE A BORD DES BŒUFS

Soudain, je me réveille avec la sensation que nous coulions. C'était un paquet de mer qui faisait irruption dans la cabine, inondant tout et me noyant presque. Le soir, j'avais 39 degrés de fièvre. Avec cela, le médecin ne s'occupe de rien, laissant tout faire à l'infirmier.

Il n'y a à bord ni moutarde ni sinapisme. On ne peut donc pas même employer un simple bain de pied pour décongestionner la tête. Aussi suis-je dans un état lamentable : je n'ai rien pris depuis quatre jours, sauf deux tasses de *bovril* par jour.

Pour vous donner une idée de la chaleur, la bougie de ma cabine avait entièrement fondu et coulé sur le bougeoir.

Le 17 mars au matin, on signale à l'horizon l'île de Sainte-Hélène (1). Je m'habille en toute hâte et monte sur le pont. En effet, à environ 30 milles devant, on distinguait très bien les contours de la terre. Nous étions impatients d'arriver, car nous espérions avoir des nouvelles de la guerre russo-japonaise (2).

Enfin, à trois heures de l'après-midi, nous sommes

---

(1) Sainte-Hélène fut découverte en 1502 par les Portugais. Les Hollandais en prirent possession en 1561 et en furent chassés en 1673 par les Anglais, qui y sont encore.

Jamestown, la capitale et le seul port abordable de l'île, est armée de fortifications puissantes.

(2) La guerre entre la Russie et le Japon avait éclaté le 9 février précédent.

devant James-Town. Mais les vents soufflent alors dans toutes les directions, et il nous est impossible d'approcher assez pour mouiller. A l'endroit où nous sommes, les fonds sont à près de 100 mètres.

Le canot de la Santé nous apporte des télégrammes de la guerre. Ils se contredisent tous, et il est impossible d'en tirer quelque chose de précis.

J'éprouve une certaine satisfaction à me trouver dans cette île, où le grand homme est mort après cinq ans de captivité, et où l'oncle Joinville est venu chercher sa dépouille mortelle. Je suis en effet le seul de la famille, à part lui, à y être allé dans un vaisseau de guerre et y avoir salué du canon les forts anglais.

Après avoir été obligés de virer et de ressortir trois ou quatre fois de la baie, pour nous rapprocher davantage de la terre, nous finissons par mouiller.

Je suis encore trop faible pour descendre immédiatement à terre et aller à Longwood (1) voir la maison et le tombeau de Napoléon. Mais nous restons ici jusqu'au 23 ; le 22, j'irai faire cette excursion avec tous les guardias marinas et quelques officiers. Comme la distance à parcourir est d'une dizaine de kilomètres par des montées très dures, deux de mes camarades et moi avons décidé de faire l'étape à cheval.

----

(1) Plaine de la partie orientale de l'île, célèbre par le séjour qu'y fit Napoléon.

Il est venu tout à l'heure, à bord, un prêtre portugais, qui a l'air tout à fait fou. Il prétend s'appeler
de Bragance et Saxe-Cobourg-Gotha et être le frère
de Carlos de Portugal.

APRÈS AVOIR ÉTÉ OBLIGÉS DE VIRER ET DE RESSORTIR
TROIS OU QUATRE FOIS DE LA BAIE...

Le 22, donc, à huit heures du matin, comme il était
convenu, nous partons tous trois à cheval. Les autres
sont partis à pied ce matin à cinq heures et demie.
Deux officiers se sont chargés des provisions de
bouche et nous rejoindront en voiture vers midi.

Jamais je n'oublierai cette excursion. Appeler nos
montures des chevaux serait flatteur. J'avais beau

taper dessus à tour de bras, avec ma cravache de gaucho' : la sale bête partait au petit trot et au bout de cinquante mètres s'arrêtait net. Pour la diriger, il fallait empoigner des deux mains la rêne du côté où l'on voulait aller, et tirer dessus de toutes ses forces. Mes deux camarades n'étaient pas mieux partagés.

Le paysage est très pittoresque et très accidenté. De vertes prairies, où paissent des moutons, des vaches et des chèvres sauvages. Une fort belle chute d'eau dans la vallée, qui mène à James-Town.

Nous arrivons enfin à la maison de Napoléon. Le consul de France et d'Espagne habite actuellement la maison neuve qu'on construisait pour l'empereur, mais où il ne put habiter. L'ancienne maison est une construction basse et très simple. Elle est admirablement située sur le haut de la montagne et domine la mer vers le nord.

Guidés par le consul, nous visitons toutes les pièces, chambre à coucher, billard, bibliothèque et enfin la chambre où il mourut. Dans cette pièce, à la place du lit, on a installé un buste en marbre d'après un moulage fait après sa mort. C'est très saisissant.

Au dehors, la petite tonnelle où il aimait à se promener et la mare où il avait fait mettre des poissons. Tout cela est triste et lugubre. Je comprends facilement que la vie, horrible en cet endroit, l'ait tué en cinq ans.

Tout près de la maison se trouve la pointe de terre où le capitaine américain lui avait préparé une évasion.

Nous remercions le consul de son obligeance et remontons à cheval pour aller, dans la vallée, voir le tombeau. Nous longeons l'un des versants et arrivons enfin à l'enclos. C'est un territoire français et la possession de la famille des Bonaparte, qui a soin de son entretien. Des pins et des lauriers et, tout en bas, une dalle blanche entre une touffe d'arbres : c'est le tombeau de Napoléon.

Nous suivons la pente en zigzag qui y mène et mettons pied à terre. La pierre tombale est entourée d'une grille toute simple, pouvant donner place à quatre ou cinq personnes. Des géraniums et des immortelles, dont je rapporte un bouquet, entourent le marbre. Sur un pin voisin, une plaque de cuivre avec cette inscription :

CAMPAGNE DE CHINE

LES OFFICIERS DE LA FRÉGATE « LA GLOIRE »

A L'EMPEREUR DES FRANÇAIS

C'est tout! Un peu sur la gauche se trouve la fameuse fontaine découverte par Napoléon et dont on lui apportait l'eau tous les jours pendant son agonie.

C'est là, assis sur le bord de la source, que le grand homme passait des heures à méditer. On voit encore la pierre où il s'asseyait.

Nous remontons, après avoir signé sur le registre qui se trouve dans la cabane du gardien.

Nous rejoignons ensuite les autres guardias marinas et les officiers qui avaient apporté les provisions, et nous déjeunons à l'ombre des pins.

A trois heures je repars, toujours sur la même rosse, car je dois dîner au *Government House*, chez le gouverneur.

Je rentre à bord sans incidents et me mets en tenue de gala. A six heures nous partons en voiture, le commandant Quevedo, Don Lutgardo Lopez (mon officier de brigade) et moi.

Le gouverneur et tous les officiers de la garnison furent charmants. Après le dîner, on joua à tous les jeux possibles, ping-pong, etc. Vers une heure du matin, nous partons, mais les officiers, un peu gais, nous emmènent à leur logement. La fête se prolonge un peu trop !

Enfin, à trois heures, nous parvenons à nous sauver. Il pleuvait à torrents et le cocher se trompa de chemin. Il fallut retourner. Mais la route était très étroite et presque à pic ; aussi les chevaux ne voulaient plus rien savoir, et nous voilà, Don Lutgardo et moi,

DES PINS ET DES LAURIERS ET, TOUT EN BAS, UNE DALLE BLANCHE
ENTRE UNE TOUFFE D'ARBRES : C'EST LE TOMBEAU DE NAPOLÉON

chacun poussant à une roue, de toutes nos forces. Je n'oublierai jamais cette scène : tous deux en uniforme de gala, pataugeant dans la boue, sous la pluie battante, et essayant de démarrer cette malheureuse voiture.

Enfin, après mille fatigues, les chevaux repartent et vers cinq heures nous arrivons à l'embarcadère. Nous y trouvons deux officiers anglais, gris comme toute la Pologne, qui nous attendaient pour nous réaccompagner à bord. Il n'y eut pas moyen de les en dissuader.

Après avoir bu encore du champagne et débité mille folies, ils remontèrent sur le pont, mais la mer avait augmenté et l'équilibre de nos deux officiers était bien précaire. Le roulis aidant, ils s'en allaient d'un bord à l'autre de façon réjouissante. L'un d'eux voulait à toute force monter dans la hune.

Je ne sais comment cela se termina et comment ils purent débarquer. J'étais éreinté et allai me coucher. Il était six heures du matin.

Je me levai à une heure; nous devions partir à trois heures. A deux heures, un officier d'ordonnance du gouverneur vint saluer le commandant. Aussitôt son départ, nous levons l'ancre. Tout le monde faisait mille conjectures sur cette visite : quelques-uns même croyaient que c'était la guerre.

Dans la rade de James-Town, les vents sont extrêmement variables. A peine l'ancre levée et les voiles larguées, le vent saute et nous ramène à fond de train sur la terre dont nous n'étions qu'à un kilomètre de distance. On cargue les voiles! peine perdue, nous continuons à dériver à une vitesse effrayante sur une pointe de rochers. On mouille! mais il faut filer beaucoup de chaîne, sans cela tout casserait.

Je croyais bien que nous allions faire naufrage.

Enfin, à peine 200 mètres de la côte, une nouvelle saute de vent nous éloigne de la terre. C'est une faible brise du sud-est.

J'étais navré de partir, car votre lettre, si impatiemment attendue, n'arrivera que le 5 avril.

CHAPITRE IX

La vie à bord. — L'officier de marine. — Sa situation. — Les guardias marinas et la *camareta*. — Le service et les quarts en rade et à la mer. — Derniers jours de traversée : le radeau de la *Méduse*. — Nos cerfs-volants. — Arrivée au Ferrol et départ pour Villamanrique.

Profitons des lenteurs d'une traversée monotone pour examiner la situation des officiers et guardias marinas, leur installation sur notre vaisseau et la vie à bord.

Chaque officier touche une allocation mensuelle, en Espagne, de 35 duros, et *ultramar* (1) de 70 duros ; les aspirants, de 60 pesetas en Espagne et 125 *ultra-*

(1) En mer. c'est-à-dire en embarquement.

mar. Avec cette modeste somme, les premiers ont à nourrir leur famille, car ils sont presque tous mariés et peu fortunés ; les seconds à se suffire à eux-mêmes. Pensez à ce que représentent 70 duros pour une famille entière !

Les sommes versées pour la popote sont remises au chef de gamelle ou *cabo de rancho*, qui est à proprement parler la ménagère du carré. Il commande le menu, fait acheter les provisions, tient les comptes et veille à la dépense. Ses camarades s'en prennent à lui de la monotonie des menus ou du manque de talents du cuisinier. Il ne s'émeut que médiocrement des reproches qu'on peut lui faire, car son pouvoir est absolu et il sait mieux qu'un autre ce que son budget lui permet de faire, pour améliorer l'ordinaire.

Avec de l'ordre, un chef de gamelle peut arriver à joindre les deux bouts, sans faire d'intempestifs appels de fond.

Le carré est une grande salle meublée sommairement d'une table pour manger, d'une table à jeu, d'un sofa, d'un buffet et de quelques chaises. Il n'est éclairé que par une ouverture sur le pont et, tout autour, sont rangées les cabines d'officiers. L'état-major du *Nautilus* comprend un commandant, un second, un lieutenant de vaisseau, cinq enseignes, un aumônier, un médecin et un commissaire.

Le lieutenant de vaisseau est le président du carré. Il est responsable de sa bonne tenue et dispose de toute l'autorité nécessaire pour cela; mais il faut avouer qu'il ne s'en sert presque jamais.

Chaque officier a sa cabine, bien petite il est vrai. Mais on l'aime tant, ce petit coin à soi tout seul, où l'on peut s'isoler dans cette maison de verre, un navire de guerre. Il faut avoir vécu de cette vie commune du bord pour sentir la joie, le bonheur d'être seul et de se recueillir dans l'intimité de sa pensée.

On a certes des amis parmi les camarades; mais, il faut le reconnaître, les conversations finissent par être monotones.

Aussi, depuis que le commandant m'a donné ma petite cabine, que j'ai installée avec amour, je sens tout le prix de cette faveur. Je passe, il est vrai, presque tout mon temps à la *camareta*; mais je puis, quand j'en ai l'envie, rentrer chez moi et m'y enfermer. Joie égoïste, direz-vous? Non pas! joie salutaire et bien permise. Le marin a laissé derrière lui tant d'affections, qu'il lui faut un coin secret pour y revivre avec leur cher souvenir.

Il y a là-bas, à 4 ou 5,000 lieues, des cœurs qui battent en pensant à lui, à son absence qui se prolonge, à son retour qui tarde, et c'est seulement dans sa petite chambre qu'il trouve le calme propice aux rêveries qui rapprochent.

J'y revois sans cesse votre photographie, celles de papa, de Philippe et des sœurs. Elles me sont plus chères encore, car ce sont elles qui peuplent ma cabine et transforment ce pauvre réduit en un coin précieux, dont la possession vaut un trésor.

Dans le langage courant, les aspirants guardias marinas ne sont appelés que *midships,* par abréviation du mot anglais *midshipman*. Quand et comment ce vocable britannique a-t-il pris ses lettres de naturalisation dans les marines française et espagnole, nul ne le sait.

Il faut au midship (puisque midship il y a) une bonne dose de philosophie et de jeunesse pour accepter gaiement les petits ennuis de la vie maritime. Pour tout logement, un poste commun à tous, qui sert à la fois de salle à manger, salle d'études, salle de lecture, salon, dortoir. Sa vie appartient à ceux qui l'entourent. Il vaque à toutes ses occupations au milieu d'eux.

Dans l'aquarelle ci-jointe, qui représente le poste, vous nous voyez diversement occupés. Les uns mangent, les autres fument ou s'habillent : deux d'entre eux se battent et se jettent des potées d'eau à la figure. Quelques-uns jouent aux cartes. Un chat,

LES UNS MANGENT, LES AUTRES FUMENT OU S'HABILLENT

des pigeons, des perruches viennent picorer dans
l'assiette des convives : le désordre qui y règne est
indescriptible.

Chacun de nous a une petite armoire pour y ranger
son linge et ses livres.

Chaque officier commande à une brigade de guardias marinas. Il est aidé par le plus ancien de ceux-ci,
qui a le grade de brigadier.

Je suis brigadier de la deuxième, sous les ordres
de Don Lutgardo Lopez, un des rares Andalous
et l'officier le meilleur et le plus sympathique du
bord.

Chaque officier est de plus chargé d'un des cours.
Les études ici diffèrent absolument de celles de l'*As-
turias* (1), car on n'a que très peu de temps à y con-
sacrer, en raison des quarts et des autres détails du
service.

Le lieutenant de vaisseau Don Mario Quijano est
notre *encargado*, c'est-à-dire notre directeur général.
Il s'occupe directement de nous, nous surveille, nous
admoneste et nous inflige des punitions quand elles
sont méritées.

Comme, du reste, tous les autres officiers, il est
très gentil pour moi et fait son possible pour me

(1) Vaisseau-école.

rendre la vie agréable. Je leur dois énormément et leur en serai reconnaissant toute ma vie.

Le premier devoir, ou mieux l'obligation fondamentale de tout officier, est d'assurer le service de quart. On appelle ainsi le temps pendant lequel un officier est chargé de veiller sur le pont, soit de jour, soit de nuit, en mer ou en rade.

La durée des quarts, pour l'officier comme pour les midships, est la suivante : de huit heures du matin à midi, de midi à deux heures, de deux heures à quatre, de quatre heures à huit, de huit heures à minuit, de minuit à quatre heures et de quatre heures à huit.

Comme il n'y a que quatre officiers à bord ici, cela ne leur fait qu'une nuit entière sur quatre à passer dans leur lit; et cette nuit est joliment appréciée!

En rade, chaque officier et six midships sont de garde à leur tour une journée entière, de huit heures du matin au lendemain à la même heure. Ils portent alors, comme signe distinctif de service, la redingote, le ceinturon et le hausse-col.

A la mer, chacun s'habille à sa fantaisie et à sa commodité. Sous la pluie battante, sur la passerelle, on s'enveloppe de caoutchouc et de toile cirée, et l'on se coiffe d'un suroît.

Dans les pays chauds, on est en blanc et le plus légèrement vêtu qu'il soit possible.

En rade, l'officier de garde, aidé des midships, s'assure que les ordres de service, relatifs à la tenue du matériel et du personnel, aux travaux et aux exercices, sont exécutés ponctuellement : il reçoit à la coupée les officiers de tous grades qui montent à bord et les réaccompagne quand ils quittent le navire.

En mer, l'officier de quart est responsable de la voilure, de la tenue de route, et de toutes les choses qui sont réglées par le commandant.

Il faut la plus grande attention pour suivre d'un œil vigilant la brise, brasser les vergues pour la meilleure utilisation des voiles, deviner ce que deviendra le grain qui, là-bas, monte à l'horizon, et fondra peut-être tout à l'heure sur le vaisseau.

Une extrême vigilance est nécessaire aussi, pour éviter les suites désastreuses d'un abordage. Quand une lumière paraît à peu de distance, c'est de la promptitude et de la sagacité des ordres donnés que dépend le salut des deux bateaux.

Dans certaines parties de l'Océan, le quart est moins absorbant et il s'écoule parfois des semaines entières sans découvrir au loin la blancheur d'une voile ou la fumée d'un vapeur. Dans la région des vents alizés, la brise demeure invariable et presque égale. Il n'est donc pas besoin de toucher aux bras de vergues ou aux cargues des voiles.

Il ne faut pas pourtant s'endormir dans une trompeuse sécurité. Un accident est vite arrivé et un homme à la mer, facilement. Le salut du malheureux dépend alors de la promptitude des premières manœuvres et du sang-froid de celui qui les dirige. Dès que le cri sinistre « un homme à la mer » a retenti, l'officier de quart doit agir : une minute d'hésitation, un contre-ordre peuvent rendre tout effort inutile.

L'officier de navigation a pour rôle principal de relever, à l'aide d'observations astronomiques, la position ou le point du navire. A chaque quart deux midships assurent ce travail sous sa direction : leur service est de huit jours. Il est l'astronome en titre. Dès son réveil, il se préoccupe de l'état du ciel. L'atmosphère est-elle limpide et sans nuages, l'officier ne se presse pas ; il aura tout son temps pour ses observations. Le ciel, au contraire, est-il voilé, l'officier de quart le fera prévenir de la plus prochaine éclaircie.

Dès que celle-ci apparaît, il s'empare de son sextant, suivi d'un autre officier, généralement Don Mario, le lieutenant de vaisseau, armé du chronomètre portatif, dit compteur. Sans perdre de temps, le premier ajuste le soleil en visant à l'horizon, tandis que le second compte et crie *top*. A ce mot, celui qui compte note l'heure marquée par la montre et inscrit l'angle dicté par l'officier. Il se rend ensuite au deck-house, pour travailler la longitude.

Un peu avant midi, il remonte sur le pont pour obtenir la hauteur méridienne du soleil et, par là, la

QUELQUES MINUTES APRÈS, LE POINT EST FAIT

latitude. Quelques minutes après, le point est fait et présenté au commandant.

Pendant la route, les midships sont répartis de la façon suivante : un au compas de l'arrière, un à l'échelle de quart, deux sur le gaillard d'avant, et deux pour les observations de nuit. Ils changent leurs postes toutes les heures.

Celui du compas a pour mission de surveiller la

route et lancer toutes les heures le loch pour savoir la vitesse. Celui de l'échelle répète les ordres de l'officier et s'assure de leur exécution. Ceux du gaillard d'avant veillent aux navires et aux lumières que l'on peut rencontrer.

Moi, je passe mes quatre heures de quart sur la passerelle et commande la manœuvre.

Lorsque l'on est en rade, chaque canot se rendant à terre est commandé par un midship armé du sabre, responsable de sa navigation et de sa tenue.

Nos punitions consistent en arrêts d'un ou plusieurs jours en rade, et en mer d'une ou deux heures dans les hunes. Nous avons le droit d'infliger des punitions aux matelots.

Depuis notre départ de Sainte-Hélène, nous avons vent arrière et nous filons 7 à 8 nœuds.

Le 31 au matin, la voix de la vigie, qui semble descendre du ciel, crie terre à l'avant à bâbord. C'est l'île de l'Ascension, que nous devons laisser à une dizaine de milles.

C'est aujourd'hui jeudi saint et, plus que jamais, je pense à vous tous. Je voudrais être à Villamanrique, auprès de vous.

1ᵉʳ avril. — Nous avons fait maigre hier et aujourd'hui, et voici mon menu : haricots, pommes de terre, friture d'écrevisses et d'huîtres, oignons farcis aux sardines.

Enfin, le 5, nous arrivons à l'Équateur, pour y attraper les calmes plats et les grains qui règnent dans ces parages tropicaux.

Le 6, nous prenons deux requins. L'un d'eux dut être tué d'un coup de carabine par moi, pour pouvoir être hissé à bord. Il mesurait 5 m. 65. La tête et la peau étaient différentes de celles des autres requins.

Je pus voir alors ces curieux poissons pilotes (1) aux raies noires, qui dirigent le monstre sur sa proie; puis encore d'autres poissons construits sur le modèle du requin, auquel ils s'attachent par une ventouse disposée sur le sommet de leur tête. Les marins leur ont donné le surnom de *poux du requin.*

Ce jour-là et les suivants, on nous servit du poisson frais, ce qui nous reposa des conserves.

Nous attrapons ensuite une série de grains. Les quatre heures de quart sous les averses paraissaient bien longues. A peine un orage se dissipait-il qu'un autre se formait à l'horizon. Il faut veiller à carguer les voiles à temps, pour ne pas fatiguer inutilement les matelots.

(1) Scientifiquement *naucrates ductor*. Long de 30 centimètres, argenté, ceinturé de noir, le pilote est commun dans l'océan Indien surtout. Il suit les navires pendant des traversées entières, ordinairement par couple. Il forme avec les requins une association absolument prouvée.

Le 14, pendant un de ces grains, une violente détonation retentit. Le perroquet (1) a éclaté en lambeaux. En un instant tout fut enlevé par l'orage, et il n'en resta plus rien.

LE REPAS DES MATELOTS

15 avril. — Nous commençons à apercevoir les longues files de sargasses qui se dirigent parallèlement de l'est à l'ouest. Ce sont des algues arrachées par les courants sur les côtes américaines et emportées dans un immense tourbillon qui les pétrit et les amalgame. Ce tourbillon se trouve entre les îles Açores, Canaries et du Cap-Vert.

(1) Mât, vergue et voile se hissant au-dessus du mât de hune.

Dieu merci, nous nous rapprochons du Ferrol, car les vivres commencent à manquer. Hier c'était l'huile à manger qui faisait défaut. Notre chef de gamelle va crier misère auprès du second. Résultat, au lieu des cinq lampes qui éclairent notre antre, le commandant donne l'ordre de n'en allumer que deux : au lieu de brûler l'huile des trois autres lampes, nous la mangerons.

Il ne nous reste plus que trois jours de viande fraîche. Les deux derniers jours de la traversée, on en sera réduit aux conserves d'écrevisses, d'huîtres et de thon. Elles sont malheureusement presque toutes pourries, par suite de l'humidité et du manque d'air de la cambuse.

Quand les plats manquent, on les remplace par des chansons. Aussi, au moment du repas, nos clameurs parviennent-elles jusqu'au carré ou chez le commandant. Alors nos officiers se disent qu'on ne doit pas faire plantureuse chère à notre table, et tous les jours, ils invitent deux midships au déjeuner et au dîner. Ce n'est pas qu'ils soient mieux approvisionnés, mais leur cuisinier est meilleur.

Les garbanzos (1) et le riz sont dévorés à l'intérieur par de petites bêtes noires et, quant au pain, il n'est

______

(1) Pois chiches d'Espagne.

pas rare d'y trouver des vers d'un à deux centimètres de long.

Jusqu'à présent, le vent assez fort soufflait du nord-est et nous éloignait de notre direction. Tout le monde était furieux et chacun allait consulter le compas, dans l'espoir qu'on se rapprochait un peu de la bonne voie. Nous étions bien à hauteur du Ferrol et nous en sommes pourtant à environ 2,000 nœuds.

Enfin, aujourd'hui 26, à une heure de l'après-midi, j'étais en train de me reposer quand j'entends le coup de sifflet et le commandement : *A estribor mayor y gavia, babor, sobremesan a yseca,* c'est-à-dire une saute de vent au sud. Aussitôt tous, absolument tous les matelots s'élancent sur les vergues en criant : *Ya estamos llegando.* Les pauvres gens se croyaient déjà arrivés. Tout le monde est fou de joie, car, depuis que nous sommes partis, c'est la première fois que nous faisons route directe vers le Ferrol. Jamais les vergues ne furent orientées si vite.

Nous filons à la très gentille vitesse de 9 à 10 nœuds à l'heure. Si le vent ne tombe pas et continue à souffler du sud-ouest, nous pouvons arriver assez facilement vers le 3 ou 4 mai. Dieu veuille qu'il en soit ainsi. Ce serait vraiment désespérant d'être si près du but, sans pouvoir y atteindre.

Par exemple, le dîner de ce soir laisse à désirer. Je vous en donne le menu, il en vaut la peine :

MENU DU DÎNER

Soupe au lait.
Garbanzos et piments.
Haricots blancs et piments.

26-3-04.

Le lait est naturellement de conserve et fort avancé ; les garbanzos, remplis de petites bêtes qui font un bruit strident quand on les écrase ; quant aux haricots, ils sont durs comme des cailloux.

Nous avons droit, en outre, à trois verres d'eau chacun !

Pour se distraire, les officiers ont construit un cerf-volant monstre : ils s'amusent à lui faire faire des plongeons. L'un d'eux lui fut funeste, car il disparut à tout jamais.

Je n'ai pas encore vu coup de mer aussi terrible que celui que nous venons de subir. Tout le gaillard d'avant plongea dans une énorme vague, juste au moment où elle déferlait. L'eau s'abattit en cascades sur le pont, inondant tous ceux qui étaient à l'avant et éteignant presque les feux de la cuisine.

27, 28, 29, 30 avril, Ier mai. — Dieu merci, nous

filons bon train avec vent arrière. Avant-hier il a failli se mettre au nord-est, ce qui nous aurait gênés considérablement.

A mesure que nous nous rapprochons, l'impatience augmente ; tout le monde, et moi en particulier, meurt du désir d'arriver pour avoir des nouvelles de tous ceux que nous aimons.

2 mai. — Nous filons 7 nœuds et devons arriver à midi, si ce vent continue. En ce cas, notre voyage sera un record de vitesse et de veine, car nous n'avons presque pas eu de mauvais temps et la vitesse a été très bonne pour un navire à voiles.

L'oncle Joinville, avec la *Belle-Poule*, a mis quarante et un jours de Sainte-Hélène à Cherbourg.

3 mai. — Quel désespoir ! Il ne manquait plus que 20 milles : le vent tombe et un brouillard épais nous cache les phares et la terre. C'est à devenir enragé ! Être si près et ne pouvoir arriver, faute de vent ! Si nous avions seulement une petite machine à vapeur, un méchant tournebroche, pour nous sortir de là !

Nous sommes immobiles maintenant, à rouler bord sur bord, dans l'attente d'un peu de brise.

Ce matin, à onze heures, un vapeur anglais, je crois, passe à toute vitesse à côté de nous, tandis que nous entendions la sirène d'un autre bateau. C'est très désagréable, car il est impossible de préciser d'où vient le son.

A midi, nous devons être à vingt-cinq minutes du Ferrol, et nous ne voyons rien.

A trois heures, une éclaircie se produit et nous apercevons des terres (je ne sais lesquelles), puis un petit bateau de pêche : nous ne devons donc pas être très loin. Mais toujours pas de vent et, maintenant (3 h. 30), la brume s'est refermée, et nous ne voyons plus rien.

Je prie Dieu de nous envoyer un peu de vent, et surtout de dissiper ce maudit brouillard.

Jamais je n'oublierai cette nuit du 3 au 4 mai. A huit heures et demie, je venais de me coucher, parce que mon quart commençait à minuit. La trompe sonnait toutes les minutes, car nous étions en panne et dans le brouillard. Soudain, j'entends : « Boum ! Boum ! » Je m'habille à la hâte et grimpe sur le pont. On tirait des coups de canon et des fusées, pour appeler à notre secours deux vapeurs de pêche qui passaient tout près de nous.

Notre situation devient critique. Le bateau ne gouverne plus et l'on entend à peu de distance le bruit sinistre des brisants sur lesquels le flot nous pousse, sans qu'il soit possible de mouiller.

En attendant nos signaux de détresse ils se dirigent sur nous en sifflant. Mais à peine arrivés à une centaine de mètres, ils font demi-tour à toute vitesse et s'éloignent en nous abandonnant à notre triste sort.

Pendant mon quart, nous distinguons les phares de la Coruña et l'entrée du Ferrol. Nous étions alors à 3 milles environ des brisants.

Personne ne dormit cette nuit et le commandant était horriblement préoccupé.

Le matin, à cinq heures, dans une éclaircie, nous apercevons droit devant nous et à peine à 600 mètres les rochers de la Coruña. Nous allons droit sur eux, poussés par une très faible brise. Il faut virer de bord : impossible ! Nous recommençons à tirer des coups de canon. Rien n'est aussi lugubre et aussi impressionnant que ces détonations étouffées par la ouate qui nous enveloppe.

Un vapeur s'approche et s'enfuit, comme s'il avait vu le diable.

Enfin, sur les rochers mêmes, nous mettons un canot à la mer pour tirer à force de rames de l'arrière : nous pouvons ainsi virer de bord au moment où nous allions nous échouer.

A dix heures le brouillard se lève et une bonne brise se met à souffler du nord-ouest, c'est-à-dire juste dans la bonne direction. Nous faisons alors une

entrée majestueuse, au moment où le remorqueur
(comme les carabiniers) s'apprêtait à venir nous chercher. Vous pensez si nous l'avons envoyé balader!

A une heure nous entrons derrière lui dans l'arsenal
et là se terminait heureusement notre long voyage.

Je reçus vos bonnes lettres et dépêches, ainsi que
celles des sœurs, et me préparai à aller vous rejoindre
dans ce cher Villamanrique.

APPENDICE

Construit en 1868, le *Nautilus* faisait, entre l'Angleterre et la Chine, le commerce du thé sous le nom de *Garrick-Castle*.

Composition mixte, acier et bois recouvert de bois et de cuivre.

Tonnage, 1,500 tonneaux; 150 hommes, 6 quartiers-maîtres, un calfat, un charpentier et un mécanicien. L'état-major se composait de : un commandant, un second, 6 officiers, un commissaire, un médecin, un aumônier et 26 aspirants.

AVARIES SURVENUES AU COURS DU VOYAGE

Quatre voiles emportées, huit voiles déchirées, un *botalon de petit-foc*, onze plaques de cuivre du bordage et six de l'avant arrachées, quatre mètres de sous-quille enlevés.

DÉCÈS ET DÉSERTEURS

Un guardia marina, Don Frederico Garcia de La Torre, enlevé par le typhus. — Un boulanger meurt de la phtisie à Montevideo.

Dix déserteurs à Buenos-Ayres et à Montevideo; deux à Cape-Town.

ITINÉRAIRE SUIVI PENDANT LA TRAVERSÉE

16 octobre 1903, départ du Ferrol, îles Canaries, îles du Cap-Vert, Montevideo, Buenos-Ayres, Montevideo, Cape-Town, île Sainte-Hélène, le Ferrol, 4 mai 1904.

Table des matières

CHAPITRE PREMIER

CHAPITRE II

CHAPITRE III

CHAPITRE IV

CHAPITRE V

CHAPITRE VI

CHAPITRE VII

CHAPITRE VIII

CHAPITRE IX

PARIS

TYPOGRAPHIE PLON-NOURRIT ET Cie

Rue Garancière, 8

PARIS

TYPOGRAPHIE PLON-NOURRIT ET Cie

Rue Garancière, 8